高等学校"十三五"规划教材

分析化学实验

FENXI HUAXUE SHIYAN

李红英　全晓塞　主编

化学工业出版社
·北京·

本书在总结多年实验教学经验基础上编写而成。全书包括十一章：分析化学实验基本知识、定量分析仪器及基本操作、仪器分析设备及操作方法、酸碱滴定实验、配位滴定实验、氧化还原滴定实验、沉淀滴定与重量分析法实验、光学分析法实验、电化学分析法实验、色谱分析法实验、综合性和设计性实验，涵盖了定量化学分析实验和仪器分析实验的内容。

本书内容丰富，兼顾了化学、化工专业及非化学但以化学为基础课专业的需要，可作为高等院校基础化学实验教材，也可供高等院校教师、实验技术人员等参考使用。

图书在版编目（CIP）数据

分析化学实验/李红英，全晓塞主编. —北京：化学工业出版社，2018.1
ISBN 978-7-122-31176-4

Ⅰ.①分… Ⅱ.①李… ②全… Ⅲ.①分析化学-化学实验-高等学校-教材 Ⅳ.①O652.1

中国版本图书馆 CIP 数据核字（2017）第 307750 号

责任编辑：傅聪智　　文字编辑：向　东
责任校对：宋　夏　　装帧设计：刘丽华

出版发行：化学工业出版社（北京市东城区青年湖南街 13 号　邮政编码 100011）
印　　刷：三河市航远印刷有限公司
装　　订：三河市宇新装订厂
710mm×1000mm　1/16　印张 12　字数 237 千字　2018 年 3 月北京第 1 版第 1 次印刷

购书咨询：010-64518888（传真：010-64519686）　售后服务：010-64518899
网　　址：http://www.cip.com.cn
凡购买本书，如有缺损质量问题，本社销售中心负责调换。

定　　价：28.00 元

前言

分析化学实验课程是化学、化工类及相关专业的主要基础课程之一，通过该课程学习可使学生进一步加深对分析化学理论和知识的理解，掌握基本实验技能和各类现代分析仪器的使用方法，树立严格的“量”和实事求是的科学态度，提高分析问题和解决问题的能力。

本教材涵盖了定量分析化学实验和仪器分析实验的内容，主要包括分析化学实验基本知识，定量分析和仪器分析设备及基本操作，分析化学实验等内容。密切配合《分析化学》理论课程教学，既考虑到与课堂内容的衔接，又具备实验教材的完整性与独立性。实验的编写注重启发性和研究性，在每个实验正文后都编写了思考题，目的是帮助学生通过预习思考，带着问题进入实验室去寻找和验证答案。

在教材的编写过程中，对实验内容及实验的难易程度进行了认真甄选和把握，共编选分析化学实验 46 个及设计性实验选题 17 个，在教学中可根据实际情况对教材内容灵活选用。

在编写过程中，得到了宁夏大学化工学院分析学科组常璇等同志的帮助和大力支持，特此致谢。本教材的出版得到了化学工程与技术一流学科（编号：NXYLXK201704）资助，同时得到宁夏“西部一流专业”专业建设项目及化学国家级实验教学示范中心（宁夏大学）的支持，谨致谢意。

由于编者水平所限，书中难免存在不足之处，恳请读者批评指正。

编者

2017 年 9 月

目录

第一章 分析化学实验基本知识

第一节 分析化学实验的基本目的和要求

分析化学实验是化学、化工类及相关专业重要的基础课程之一，它与分析化学理论课程联系紧密，但又是一门独立的课程。做好实验是完整掌握这门课程的重要环节。通过分析化学实验课程的学习，可以使学生进一步巩固和加深对分析化学基本理论和概念的理解，树立严格的“量”的概念。学生应正确、熟练地掌握分析化学实验的基本操作技术和仪器基本使用方法。通过设计实验和综合实验的学习，培养实际动手能力和探索创新精神，使学生在理论与实践相结合的过程中不断提高分析问题和解决问题的能力，培养严谨的科学态度、实事求是的工作作风。鉴于此，对分析化学实验课提出以下要求：

(1) 实验课前必须认真预习，了解实验原理、实验步骤和注意事项。了解实验中有关分析仪器的结构和工作原理，做到心中有数。实验前可以先写好实验报告的部分内容，列好表格，查好实验所需有关数据，以便实验时及时、准确地记录和处理数据。

(2) 实验课开始时应认真阅读“实验室使用规则”，熟悉实验室安全常识，遵守实验室各项制度。节约使用试剂、纯水等实验用品，尽量避免因误取试剂而造成浪费和实验失败。实验过程中还要树立环保意识，在能保证实验准确度的要求下，尽量降低化学物质（特别是有害试剂及洗涤剂）的消耗。

(3) 实验过程中应严格按照操作规范进行实验，尤其是涉及大型分析仪器时。学习并掌握实验中的各种基本操作和技能，掌握各类仪器基本使用方法。仔细观察实验现象并尝试运用所学理论知识进行解释。

(4) 实验数据，尤其是各种测量的原始数据，必须随时记录在专用的、预先编好页码的实验记录本上，不得记在其他任何地方，不得涂改原始实验数据。

(5) 实验报告一般在实验室完成，离开实验室前交给实验指导教师。实验报告格式要规范，或按指导教师的要求书写。若当堂不能完成实验报告，告知老师后尽快完成，及时递交。实验报告一般包括题目、日期、实验目的、简单实验原理、原始记录、结果（附计算公式）和讨论及思考题解答。实验报告中特别要注意有效数字及其运算规则的使用。

（6）实验课开始和期末应按照清单认真清点自己使用的一套仪器。实验中损坏和遗失的仪器要及时去“实验准备室”登记和补充，按有关规定进行赔偿。

（7）实验完毕后，将玻璃容器洗净，公用设备放回原处，把实验台和药品架整理干净，清扫实验室。最后检查门、窗、水、电、气是否关好。

第二节　实验误差与数据处理

一、误差与偏差

1. 误差

测量值与真实值之间的差值称为误差。误差愈小，表示分析结果的准确度愈高；反之，误差愈大，准确度就愈低。误差的大小是衡量准确度高低的尺度。误差可分为绝对误差（E_a）和相对误差（E_r），绝对误差是测定值（x）与真实值（x_T）之间的差异，其表示方法如下：

$$E_a = x - x_T$$

相对误差是指绝对误差相当于真实值的百分率，即：

$$E_r = \frac{E_a}{x_T} \times 100\%$$

2. 偏差

测量值与平均值（$\bar{x}$）的差值称为偏差。偏差越小说明分析结果的精密度越好。所以偏差的大小是衡量精密度高低的尺度。偏差包括绝对偏差（d_i）、平均偏差（$\bar{d}$）和相对平均偏差（$\bar{d}_r$）。

绝对偏差：$d_i = x_i - \bar{x} (i = 1, 2 \cdots)$

$$\bar{x} = \frac{x_1 + x_2 + x_3 + \cdots + x_n}{n} = \frac{\sum x_i}{n}$$

平均偏差：$\bar{d} = \dfrac{|d_1| + |d_2| + |d_3| + \cdots + |d_n|}{n} = \dfrac{\sum |d_i|}{n}$

相对平均偏差：$\bar{d}_r = \dfrac{\bar{d}}{\bar{x}} \times 100\%$

当测定次数较多时，通常使用标准偏差（s）或相对标准偏差（RSD 或 s_r）来表示一组平行测定结果的精密度。

标准偏差：$s=\sqrt{\dfrac{\sum_{i=1}^{n}(x_i-\bar{x})^2}{n-1}}$

相对标准偏差：$s_r=\dfrac{s}{\bar{x}}\times 100\%$

二、系统误差与随机误差

1. 系统误差

系统误差是分析过程中某些确定的因素造成的，对分析结果的影响比较固定。它的特点是具有重现性、单一性和可测性。根据系统误差产生的具体原因，可以将其分为以下几类。

（1）方法误差　方法误差是由分析方法本身不完善或选用不当所造成的。如重量分析中的沉淀溶解、共沉淀、沉淀分解等因素造成的误差；容量分析中滴定反应不完全、干扰离子的影响、指示剂不合适、其他副反应的发生等原因造成的误差。

（2）试剂误差　试剂误差是由试剂不符合要求而造成的误差，如试剂不纯等。试剂误差可以通过更换试剂来消除，也可以通过空白试验测知误差的大小并加以校正。

（3）仪器误差　仪器误差是由于仪器不够准确造成的误差。例如，天平的灵敏度低，砝码本身重量不准确，滴定管、容量瓶、移液管的刻度不准确等造成的误差。因此，使用仪器前应对仪器进行校正，选用符合要求的仪器；或求出其校正值，并对测定结果进行校正。

（4）操作误差　由于分析者操作不够正确造成的误差叫操作误差。例如，分析者对滴定终点颜色改变的判断有误，或未按仪器使用说明正确操作等引起的误差。

由于系统误差是由某种固定的原因造成的，因而找出产生的原因，便可以消除系统误差。通常采用的校正方法包括对照试验、空白试验、校准仪器和分析结果的校正。

2. 随机误差

随机误差是由于某些无法避免的偶然因素所引起的，例如，测定时环境的温度、湿度和气压的微小波动，分析人员对各份试样处理时的微小差别等。其影响有时大，有时小，有时正，有时负。随机误差的产生难以找出确定的原因，似乎没有规律，但消除系统误差后，在同样条件下进行多次测定，则可发现其分布服从统计分布规律。在消除系统误差的前提下，平行测定次数愈多，平均值愈接近真实值。因此，增加测定次数，可以降低随机误差，提高平均值精密度。

三、有效数字及其运算规则

1. 有效数字

通常把测量结果中能够反映被测量大小的带有一位存疑数字的全部数字叫有效

数字。具体是指在分析工作中实际能够测量到的数字。有效数字的位数直接影响测定的相对误差。在测量准确度的范围内，有效数字位数越多，测量的相对不确定度越小，有效数字位数越少，相对不确定度就越大。但超过了测量准确度的范围，过多的位数是没有意义的，而且是错误的。确定有效数字位数时应遵循以下规定。

① 第一个非零数字前的零不是有效数字。

② 第一个非零数字以及之后的所有数字（包括零）都是有效数字。

③ 当计算的数值为 lg 或者 pH、pOH 等对数时，由于小数点以前的部分只表示数量级，故有效数字位数仅由小数点后的数字决定。例如，pH＝7.355 为三位有效数字。

④ 当第一位有效数字为 8 或 9 时，因为与多一个数量级的数相差不大，可将这些数字的有效数字位数视为比有效数字数多一位。例如，8.314 是 5 位有效数字。

⑤ 单位的变换不应改变有效数字的位数。因此，实验中要求尽量使用科学计数法表示数据。

⑥ 误差或偏差取 1～2 位有效数字即可。

2. 有效数字的修约规则

国家标准《数字修约规则与极限数值的表示和判定》（GB/T 8170—2008）称为“四舍六入五成双”法则。即当尾数≤4 时舍去，尾数为 6 时进位。当尾数为 5 时，则要看 5 前面的数字是奇数还是偶数，5 前为偶数应将 5 舍去，5 前为奇数应将 5 进位；例如，将 28.175 和 28.165 修约成 4 位有效数字，则分别为 28.18 和 28.16。若 5 的后面还有不是 0 的任何数，则无论 5 的前面是奇数还是偶数，均应进位；例如，28.2501 只取 3 位有效数字时，应为 28.3。

3. 有效数字的运算规则

（1）加减法　以小数点后位数最少的数据的位数为准，即取决于绝对误差最大的数据位数，例如：

$$0.0121+25.64+1.05782=25.71$$

（2）乘除法　由有效数字位数最少者为准，即取决于相对误差最大的数据位数，例如：

$$0.0121\times25.6\times1.06=0.328$$

四、可疑值取舍

当对同一试样进行多次平行测定时，个别的测定值可能会出现异常。如测定值过大或过小，这些过大或过小的测定数据是不正常的，或称为可疑的。对于这些可疑数据应该用统计检验的方法决定取舍。常用的方法有 $4\bar{d}$ 法、Q 检验法和格鲁布斯（Grubbs）法。

1. $4\bar{d}$ 法

先求出除异常值外的其余数据的平均值 $\bar{x}$ 和平均偏差 $\bar{d}$，然后将异常值与平均值进行比较，如绝对差值大于 $4\bar{d}$，舍去可疑值，否则应保留。该方法简单，但存在较大的误差，与其他检验法矛盾时以其他方法为准。

2. Q 检验法（$n<10$）

首先将一组数据从小到大排列为：x_1，x_2，…，x_{n-1}，x_n，若 x_n 为可疑值，则计算统计量 Q 为：

$$Q_{计}=\frac{x_n-x_{n-1}}{x_n-x_1}$$

若 x_1 为可疑值，则：

$$Q_{计}=\frac{x_2-x_1}{x_n-x_1}$$

从统计表（表 1-1）中查出指定置信度下的 $Q_{p,n}$ 值，并与 $Q_{计}$ 进行比较，如果 $Q_{计} \geqslant Q_{p,n}$，该异常值应舍弃，否则应予保留。

表 1-1　Q 值表

测定次数 n		3	4	5	6	7	8	9	10
置	90%($Q_{0.90}$)	0.9	0.76	0.64	0.56	0.51	0.47	0.44	0.41
信	95%($Q_{0.95}$)	0.97	0.84	0.73	0.64	0.59	0.54	0.51	0.49
度	99%($Q_{0.99}$)	0.99	0.93	0.82	0.74	0.68	0.63	0.6	0.57

3. 格鲁布斯（Grubbs）法

首先将一组数据从小到大排列为：x_1，x_2，…，x_{n-1}，x_n，并计算该组数据的平均值 $\bar{x}$ 及标准偏差 s。若 x_n 为可疑值，则计算统计量 T 为：

$$T_{计}=\frac{x_n-\bar{x}}{s}$$

若 x_1 为可疑值，则：

$$T_{计}=\frac{\bar{x}-x_1}{s}$$

从统计表（表 1-2）中查出指定置信度下的 $T_{\alpha,n}$ 值，并与 $T_{计}$ 进行比较，如果 $T_{计} \geqslant T_{\alpha,n}$ 则该异常值应舍弃，否则应予保留。

表 1-2　$T_{\alpha,n}$ 值表

n	显著性水平 α			
	0.10	0.05	0.025	0.01
3	1.15	1.15	1.16	1.16
4	1.43	1.46	1.48	1.49
5	1.60	1.67	1.72	1.75

续表

n	显著性水平 α			
	0.10	0.05	0.025	0.01
6	1.73	1.82	1.89	1.94
7	1.83	1.94	2.02	2.10
8	1.91	2.03	2.13	2.22
9	1.98	2.11	2.22	2.32
10	2.04	2.18	2.29	2.41
11	2.09	2.23	2.36	2.49
12	2.13	2.29	2.41	2.55
13	2.18	2.33	2.46	2.61
14	2.21	2.37	2.51	2.66
15	2.25	2.41	2.55	2.71
16	2.28	2.44	2.59	2.75
17	2.31	2.48	2.62	2.79
18	2.34	2.50	2.65	2.82
19	2.36	2.53	2.68	2.95
20	2.39	2.56	2.71	2.88

五、回归分析法

回归分析是确定两个或两个以上变量间相互依赖的定量关系的一种统计分析方法。回归分析按照涉及的变量的多少，分为一元回归分析和多元回归分析。按照自变量和因变量之间的关系类型，分为线性回归分析和非线性回归分析。如果在回归分析中，只包括一个自变量和一个因变量，且二者的关系可用一条直线近似表示，这种回归分析称为一元线性回归分析，如吸光光度法中标准溶液的浓度 c 与吸光度 A 之间的关系，在一定范围内，可以用直线方程描述。一元线性回归法如下。

1. 一元线性回归方程

若测量 n 个数据点（y_i，x_i），y 与 x 之间存在线性相关关系，其回归直线方程为：

$$y=a+bx$$

式中，y 为因变量（如吸光度、电极电势和峰面积等分析信号）；x 为自变量（如标准溶液的浓度等可以严格控制或精确测量的变量）；a 为回归直线的截距（或称回归常数，与系统误差的大小有关）；b 为回归直线的斜率（或称回归系数，与测定方法的灵敏度有关）。只要参数 a、b 确定了，回归方程也就确定了。参数 a、b 的确定采用最小二乘法，即使实验测定值 y_i 与相应的回归直线上的理论响应值 Y_i 之差的平方和 Q 为最小。

$$Q=\sum_{i=1}^{n}Q_i=\sum_{i=1}^{n}(y_i-Y_i)=\sum_{i=1}^{n}[y_i-(a+bx_i)]^2$$

根据这个原理，用求极值的方法导出 a 和 b 的计算式：

$$a=\frac{\sum_{i=1}^{n}y_i-b\sum_{i=1}^{n}x_i}{n}=\bar{y}-b\bar{x}$$

$$b=\frac{\sum_{i=1}^{n}(x_i-\bar{x})(y_i-\bar{y})}{\sum_{i=1}^{n}(x_i-\bar{x})^2}$$

由一组实验值算出 a 和 b 的值，就可以确定出回归方程。

2. 相关系数

实际上只有当两个变量之间存在某种线性关系时，回归线才有意义。判断回归线是否有意义，可用相关系数 r 来检验。

相关系数的定义式为：

$$r=b\sqrt{\frac{\sum_{i=1}^{n}(x_i-\bar{x})^2}{\sum_{i=1}^{n}(y_i-\bar{y})^2}}=\frac{\sum_{i=1}^{n}(x_i-\bar{x})(y_i-\bar{y})}{\sqrt{\sum_{i=1}^{n}(x_i-\bar{x})^2\sum_{i=1}^{n}(y_i-\bar{y})^2}}$$

相关系数 r 的取值范围是 $0\leqslant|r|\leqslant1$，当 $|r|=1$ 时表示 x 和 y 之间完全线性相关，此时所有实验点落在回归直线上。当 $|r|=0$ 时说明 x 和 y 之间没有线性关系。当 $|r|$ 在 0～1 之间时说明 x 和 y 之间存在程度不同的线性关系。$|r|$ 越接近 1，说明线性关系越好，r 为正值时为正相关，r 为负值时为负相关。

第三节　分析实验室用水的规格、制备及贮存方法

一、实验室用水的水质规格

分析化学实验不能直接使用自来水或其他天然水，也不应一律使用高纯水，而应根据实验对水质量的要求合理地选用适当规格的纯水。分析实验室用水有相应的国家标准（GB/T 6682—2008），用水的规格见表 1-3。

表 1-3　分析实验室用水的水质规格(引自 GB/T 6682—2008)

指标名称	一级	二级	三级
pH 值范围(25℃)	—	—	5.0～7.5
电导率(25℃)/$mS\cdot m^{-1}$	≤0.01	≤0.10	≤0.50
可氧化物质(以 O 计)/$mg\cdot L^{-1}$	—	<0.08	<0.4

续表

指标名称	一级	二级	三级
蒸发残渣(105℃±2℃)/$mg \cdot L^{-1}$	—	≤1.0	≤2.0
吸光度(254nm,1cm 光程)	≤0.001	≤0.01	—
可溶性硅(以 SiO_2 计)/$mg \cdot L^{-1}$	≤0.01	≤0.02	—

注：1. 由于在一级水、二级水的纯度下，难于测定其真实的 pH 值，因此，对其 pH 值范围不做规定。

2. 由于在一级水的纯度下，难于测定其可氧化物质和蒸发残渣，因此，对其限量不做规定。可用其他条件和制备方法来保证一级水的质量。

二、 实验室用水的制备方法

(1) 一级水　可用二级水经过石英设备蒸馏或交换混床处理后，再经 0.2μm 微孔滤膜过滤来制取。一级水主要用于有严格要求的分析实验，包括对微粒有要求的实验，如高效液相色谱（HPLC）分析用水。

(2) 二级水　可用多次蒸馏或离子交换等方法制取。二级水用于无机衡量分析等实验，如原子吸收光谱分析用水。

(3) 三级水　可用蒸馏或离子交换等方法制取。三级水用于一般化学分析实验。制备分析实验室用水的原水应当是饮用水或其他适当纯度的水。

三、实验室用水的贮存方法

(1) 各级用水均使用密闭的专用聚乙烯容器。三级水也可使用密闭的专用玻璃容器。

(2) 新容器在使用前需用盐酸溶液（20%）浸泡 2～3 天，再用待测水反复冲洗，并注满待测水浸泡 6h 以上。

(3) 各级用水在贮存期间，其沾污的主要来源是容器可溶成分的溶解、空气中的二氧化碳和其他杂质。因此，一级水不可贮存，使用前制备。二级水、三级水可适量制备，分别贮存在预先经同级水清洗过的相应容器中。各级用水在运输过程中应避免沾污。

第四节　常用试剂的规格及试剂的使用和保存

分析化学实验中所用试剂的质量，直接影响分析结果的准确性，因此应根据所做实验的具体情况，如分析方法的灵敏度与选择性，分析对象的含量及对分析结果准确度的要求等，合理选择相应级别的试剂，在既能保证实验正常进行的同时，又避免不必要的浪费。另外试剂应合理保存，避免沾污和变质。

一、化学试剂的分类

化学试剂产品已有数千种，而且随着科学技术和生产的发展，新的试剂种类还将不断产生，现在还没有统一的分类标准，在此简要地介绍标准试剂、一般试剂、高纯试剂和专用试剂。

1. 标准试剂

标准试剂是用于衡量其他（欲测）物质化学量的标准物质，习惯称为基准试剂，其特点是主体含量高，使用可靠。我国规定滴定分析第一基准和滴定分析工作基准的主体含量分别为100％±0.02％和100％±0.05％。主要国产标准试剂的种类及用途见表1-4。

表1-4　主要国产标准试剂的种类与用途

类别	主要用途
滴定分析第一基准试剂	工作基准试剂的定值
滴定分析工作基准试剂	滴定分析标准溶液的定值
滴定分析标准溶液	滴定分析法测定物质的含量
杂质分析标准溶液	仪器及化学分析中作为微量杂质分析的标准
一级pH基准试剂	pH基准试剂的定值和高精密度pH计的校准
pH基准试剂	pH计的校准(定位)
热值分析试剂	热值分析仪的标定
气相色谱分析标准试剂	气相色谱法进行定性和定量分析的标准
临床分析标准溶液	临床化验
农药分析标准试剂	农药分析
有机元素分析标准试剂	有机物元素分析

2. 一般试剂

一般试剂是实验室最普遍使用的试剂，其规格是以其中所含杂质的多少来划分，包括通用的一、二、三、四级试剂和生化试剂等。一般试剂的分级、标志、标签颜色和主要用途列于表1-5。

表1-5　一般化学试剂的规格及选用

级别	中文名称	英文符号	适用范围	标签颜色
一级	优级纯(保证试剂)	GR	精密分析实验	绿色
二级	分析纯(分析试剂)	AR	一般分析实验	红色
三级	化学纯	CP	一般化学实验	蓝色
四级	实验试剂	LR	一般化学实验辅助试剂	棕色或其他颜色
生化试剂	生化试剂、生物染色剂	BR	生物化学及医用化学实验	咖啡色、玫瑰色

3. 高纯试剂

纯度远高于优级纯的试剂叫作高纯试剂。它是为了专门的使用目的而用特殊方法生产的纯度最高的试剂。高纯试剂控制的是杂质项含量，而基准试剂控制的是主含量。基准试剂可用于标准溶液的配制，但高纯试剂不能用于标准溶液的配制（单质氧化物除外）。在微量或痕量分析中若采用高纯试剂进行试样的分解和试液的制备，可最大限度地减少空白值带来的干扰，提高测定结果的可靠性。

4. 专用试剂

专用试剂顾名思义是指专门用途的试剂。例如在色谱分析法中用的色谱纯试剂、色谱分析专用载体、填料、固定液和薄层分析试剂，光学分析法中使用的光谱纯试剂和其他分析法中的专用试剂。最重要的是在特定的用途中，专用试剂的杂质成分不产生明显干扰。

二、使用试剂注意事项

(1) 打开瓶盖（塞）取出试剂后，应立即将瓶盖（塞）盖好，以免试剂吸潮、沾污和变质。

(2) 瓶盖（塞）不许随意放置，以免被其他物质沾污，影响原瓶试剂质量。

(3) 试剂应直接从原试剂瓶中取用，多取的试剂不允许倒回原试剂瓶。

(4) 固体试剂应用洁净干燥的小勺取用。取用强碱性试剂后的小勺应立即洗净，以免腐蚀。

(5) 用吸管取用液态试剂时，决不允许用同一吸管同时吸取两种试剂。

(6) 盛装试剂的瓶上，应贴有标明试剂名称、规格及出厂日期的标签，没有标签或标签字迹难以辨认的试剂，在未确定其成分前，不能随便使用。

三、试剂的保存

试剂放置不当可能引起质量和组分的变化，因此，正确保存试剂非常重要。一般化学试剂应保存在通风良好、干净的房子里，避免水分、灰尘及其他物质的沾污，并根据试剂的性质采取相应的保存方法和措施。

(1) 容易腐蚀玻璃影响试剂纯度的试剂，应保存在塑料或涂有石蜡的玻璃瓶中。如氢氟酸、氟化物（氟化钠、氟化钾、氟化铵）、苛性碱（氢氧化钾、氢氧化钠）等。

(2) 见光易分解，遇空气易被氧化和易挥发的试剂应保存在棕色瓶里，放置在冷暗处。如过氧化氢（双氧水）、硝酸银、焦性没食子酸、高锰酸钾、草酸、铋酸钠等属见光易分解物质；氯化亚锡、硫酸亚铁、亚硫酸钠等属易被空气逐渐氧化的物质；溴、氨水及大多有机溶剂等属易挥发的物质。

(3) 吸水性强的试剂应严格密封保存。如无水碳酸钠、苛性钠、过氧化物等。

(4) 易相互作用、易燃、易爆炸的试剂，应分开贮存在阴凉、通风的地方。如酸与氨水、氧化剂与还原剂；易燃有机溶剂；高氯酸、过氧化氢、硝基化合物等。

(5) 剧毒试剂应专门保管，严格遵循取用手续，以免发生中毒事故。如氰化物（氰化钾、氰化钠）、氢氟酸、氯化汞、三氧化二砷（砒霜）等属剧毒试剂。

第五节 化学实验室的安全知识

关于实验室工作安全有一句俗语：“水、电、门、窗、气、废、药”。这七个字涵盖了实验室工作中使用水、电、气体、试剂、实验过程产生的废物处理和安全防范的关键字眼。

一、实验室用水安全

（1）使用自来水后要及时关闭阀门，尤其突然停水时，要立即关闭阀门，以防来水后跑水。离开实验室之前应再检查自来水阀门是否完全关闭。

（2）实验室发生漏水、浸水，应第一时间关闭水阀。发生水灾或水管爆裂喷水时，首先应切断室内电源，转移仪器防止被水淋湿。如果仪器设备内部已被淋湿，应报请维修人员维护设备。

二、实验室用电安全

实验室用电有十分严格的要求，不能随意。必须注意以下几点：

（1）所有电器必须由专业人员安装，不得任意另拉、另接电线用电。

（2）在使用电器时，先详细阅读有关的说明书及资料，并按照要求去做。

（3）所有电器的用电量应与实验室的供电及用电端口匹配，决不可超负荷运行，以免发生事故。任何情况下发现用电问题（事故）时，首先关闭电源。

（4）如若发生触电事故，应立即使触电者脱离电源，拉下电源或用绝缘物将电源线拔开（注意千万不可徒手去拉触电者，以免抢救者也被电流击倒）。同时，应立即将触电者抬至空气畅通处，如电击伤害较轻，则触电者短时间内可恢复知觉；若电击伤害严重或已停止呼吸，则应立即为触电者解开上衣并做人工呼吸，同时拨打120求救。

三、灭火常识

实验室几种常见的着火原因如下：

（1）一般有机物，特别是有机溶剂，大都容易着火，它们的蒸气或其他可燃性气体、固体粉末等（如氢气、一氧化碳、苯、油蒸气）与空气按一定比例混合后，当有火花时（如点火、电火花、撞击火花）就会引起燃烧或猛烈爆炸。

（2）由于某些化学反应放热而引起燃烧，如金属钠、钾等遇水燃烧甚至爆炸。

（3）有些物品易自燃（如白磷遇空气就自行燃烧），由于保管和使用不善而引起燃烧。

（4）某些化学试剂混合在一起，在一定的条件下会引起燃烧和爆炸（如将红磷与氯酸钾混在一起，磷就会燃烧爆炸）。

万一发生着火，要沉着快速处理。首先要切断热源、电源，把附近的可燃物品移走，再针对燃烧物的性质采取适当的灭火措施。但不可将燃烧物抱着往外跑，因为跑动时空气更流通，会烧得更猛。水是人所共知的常用灭火材料，但在化学实验室的灭火中要慎用。因为大部分易燃的有机溶剂都比水轻，会浮在水面上流动，此时用水灭火，非但不能灭火反而使火势扩大蔓延。有些溶剂与水发生剧烈的反应产生大量的热能引起燃烧加剧甚至爆炸。根据燃烧物质的性质，GB/T 4968—2008将火灾分为A、B、C、D、E、F六类，必须根据不同的火灾原因，选择相应的灭火器材。

A类火灾：指固体物质火灾。这种固体物质通常具有有机物质性质，一般在燃烧时能产生灼热的余烬，如木材、煤、棉、毛、麻、纸张等。扑救A类火灾可选择水型灭火器、泡沫灭火器、磷酸铵盐干粉灭火器、卤代烷灭火器。

B类火灾：指液体或可熔化的固体物质火灾，如煤油、柴油、原油、甲醇、乙醇、沥青、石蜡等引起的火灾。扑救B类火灾可选择泡沫灭火器（化学泡沫灭火器只限于扑灭非极性溶剂）、干粉灭火器、卤代烷灭火器、二氧化碳灭火器。

C类火灾：指气体火灾，如煤气、天然气、甲烷、乙烷、丙烷、氢气等引起的火灾。扑救C类火灾可选择干粉灭火器、卤代烷灭火器、二氧化碳灭火器等。

D类火灾：指金属火灾，如钾、钠、镁、铝镁合金等引起的火灾。扑救D类火灾可选择粉状石墨灭火器、专用干粉灭火器，也可用干砂或铸铁屑末代替。

E类火灾：指带电火灾，是物体带电燃烧引起的火灾。扑救E类带电火灾可选择干粉灭火器、卤代烷灭火器、二氧化碳灭火器等。

F类火灾：指烹饪器具内的烹饪物（如动植物油脂）火灾。扑救F类火灾可选择干粉灭火器。

四、实验室使用压缩气体的安全

使用压缩气（钢瓶）时应注意：

（1）压缩气体钢瓶有明确的外部标志，内容气体与外部标志应一致。

（2）搬运及存放压缩气体钢瓶时，一定要将钢瓶上的安全帽旋紧。

（3）搬运气瓶时，要用特殊的担架或小车，不得将手扶在气门上，以防气门被打开。气瓶直立放置时，要用铁链等进行固定。

（4）开启压缩气体钢瓶的气门开关及减压阀时，旋开速度不能太快，而应逐渐打开，以免气流过急流出，发生危险。

（5）瓶内气体不得用尽，剩余残压一般不应小于数百千帕，否则将导致空气或其他气体进入钢瓶，再次充气时将影响气体的纯度，甚至发生危险。

五、化学实验废液（物）的安全处理

由于化学实验室的实验项目繁多，所使用的试剂与反应后的废物也大不相同，一些毒害物质不能随手倒在水槽中。例如，氰化物的废液若倒入强酸介质中将立即产生剧毒的HCN，因此，一般将含有氰化物的废液倒入碱性亚铁盐溶液中使其转化为亚铁氰化物盐类，再作废液集中处理。又如重铬酸钾标准溶液是常用标准溶液之一，剩余的重铬酸钾溶液应转化为三价铬再作废液处理，决不允许未经处理就倒入下水道。国家标准 GB 8978—1996《污水综合排放标准》对第一类污染物（指能在环境或动物体内蓄积，对人体产生长远影响的污染物）的排放浓度作了严格的规定，如表 1-6 所示。

表 1-6　第一类污染物的最高允许排放浓度

污染物	最高允许排放浓度/$mg \cdot L^{-1}$	污染物	最高允许排放浓度/$mg \cdot L^{-1}$
总汞	0.05	总砷	0.5
烷基汞	不得检出	总铅	1.0
总镉	0.1	总镍	1.0
总铬	1.5	苯并[*a*]芘	0.00003
六价铬	0.5	—	—

1. 含汞盐废液的处理

将废液调至 pH＝8～10，加入过量的硫化钠，使其生成硫化汞沉淀，再加入共沉淀剂硫酸亚铁，生成的硫化铁可吸附溶液中悬浮的硫化汞微粒而生成共沉淀。弃去清液，残渣用焙烧法回收汞，或再制成汞盐。

2. 含砷废液的处理

加入氧化钙，调节 pH 值为 8，生成砷酸钙和亚砷酸钙沉淀。或调节 pH 值为 10 以上，加入硫化钠与砷反应，生成难溶低毒的硫化物沉淀。

3. 含铅、镉废液

用消石灰将 pH 值调节至 8～10，使 Pb^{2+}、Cd^{2+} 生成 $Pb(OH)_2$ 和 $Cd(OH)_2$ 沉淀，加入硫化亚铁作为共沉淀剂，使之沉淀。

4. 含氰废液

用氢氧化钠调节 pH 值为 10 以上，加入过量的高锰酸钾（3%）溶液，使 CN^- 氧化分解。如 CN^- 含量高，可加入过量的次氯酸钙和氢氧化钠溶液。

5. 含氟废液和含 Cr^{6+} 废液的处理

在含氟废液中加入石灰生成氟化钙沉淀。

Cr^{6+} 一般常用化学还原法，还原剂可用二氧化硫、硫酸亚铁、亚硫酸氢钠等。如：

$$3SO_2 + Na_2Cr_2O_7 + H_2SO_4 = Cr_2(SO_4)_3 + Na_2SO_4 + H_2O$$

铬酸盐被还原后，应使用石灰或氢氧化钠将铬酸盐转化成氢氧化铬从水中沉淀下来再另作处理。

$$Cr_2(SO_4)_3 + 3Ca(OH)_2 = 2Cr(OH)_3\downarrow + 3CaSO_4$$

第二章

定量分析仪器及基本操作

第一节　滴定分析法仪器及操作方法

滴定分析中常用的量器主要有滴定管、移液管和容量瓶等。为了获得准确的分析结果，必须正确地选择和使用量器，准确地测量溶液的体积。下面介绍滴定分析常用的量器及其使用方法。

一、滴定管

滴定管是一种具有精密刻度且内径均匀的细长管状玻璃量器（图 2-1），属于量出式量器（Ex），主要用于滴定时准确测量滴定剂的体积。常用的滴定管主要为 50mL 和 25mL 两种，其分度值为 0.1mL，可估读至 0.01mL，体积读数误差一般为 0.02mL，还有 10mL、5mL、2mL 和 1mL 的半微量及微量滴定管，一般附有自动加液装置。

滴定管一般分酸式滴定管和碱式两种，其差别在于管的下部。下端尖嘴管通过玻璃旋塞连接以控制滴定速度的称为酸式滴定管（简称“酸管”），用于装酸性溶液或氧化性溶液，但不适用于装碱性溶液，因为碱性溶液会腐蚀玻璃旋塞和旋塞套，使旋塞难以转动；下端尖嘴管通过内装一个玻璃珠的乳胶管连接以控制滴定速度的称为碱式滴定管（简称“碱管”），用于装碱性溶液，不能装入与橡胶反应的氧化性溶液（如 $KMnO_4$、$AgNO_3$、I_2 等溶液），否则会改变溶液的浓度和损坏乳胶管。

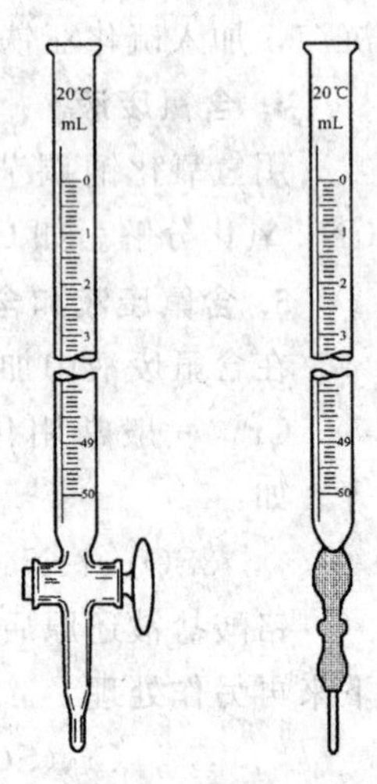

图 2-1　滴定管

1. 滴定管的准备

（1）检漏及漏液处理　检查滴定管是否漏水时，可将滴定管内装自来水至“0”

刻度左右，擦干外管壁的水珠，将其夹在滴定管夹上，直立约 2min，观察液面是否下降，活塞边缘和管尖端有无水渗出。将活塞旋转 180°后再观察。若酸式滴定管漏液或活塞转动不灵活，必须将滴定管平放于实验台上，取下活塞，用吸水纸将活塞和活塞窝擦干，然后用右手指蘸取少许凡士林或真空活塞脂，在活塞孔的两边沿圆周涂上一薄层（图 2-2）。注意不要将凡士林涂到活塞孔近旁，以免堵塞活塞孔。把涂好凡士林的活塞小心地插入活塞窝里，顺时针方向旋转活塞，直到活塞与活塞窝接触处全部透明且转动灵活，否则，应重新处理。把装好活塞的滴定管平放在桌面上，让活塞的小头朝上，然后在小头上套上一小橡皮圈（可以从橡皮管上剪下一小圈）以防活塞脱落。碱式滴定管要检查玻璃珠的大小和乳胶管粗细是否匹配，即是否漏水，能否灵活地控制液滴。碱式滴定管漏液时，将玻璃珠挤压到适合的位置即可，若处理后还漏液，应更换玻璃珠或乳胶管。

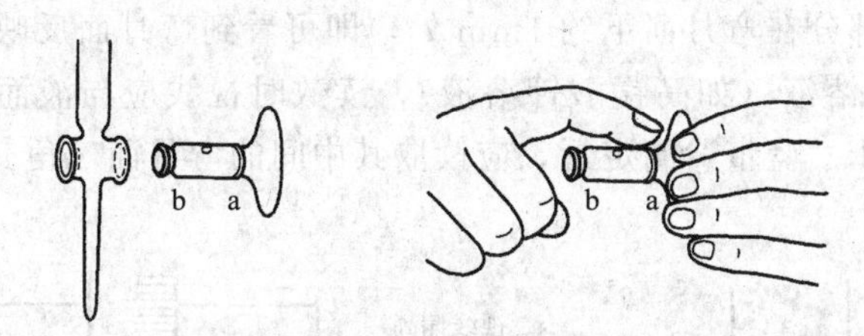

图 2-2　酸式滴定管的涂油

（2）滴定管洗涤　洗涤滴定管时，一般用自来水冲洗。零刻度以上可用毛刷蘸洗涤剂刷洗，零刻度以下部位如不能冲洗干净，则采用洗液淌洗（碱式滴定管应去除乳胶管，套上废乳胶头后淌洗），然后用自来水冲洗干净。冲洗干净的滴定管最后用蒸馏水洗 2～3 次。

2. 滴定操作

滴定操作过程包括滴定溶液润洗、装溶液、排气泡、调零、去除尖嘴外液滴、滴定控制和读数等。

（1）滴定溶液的装入　为保证装入的溶液浓度不变，装入操作液前，滴定管须用操作液润洗 2～3 次，每次用 5～10mL 操作液。装入操作液时，应将溶液直接注入滴定管，直至充满到零刻度以上为止。

（2）尖管气泡的排除　装入操作液后，还应把滴定管尖管中的气泡排除，否则会引起体积测量误差。排除气泡的方法是：对于碱管，将乳胶管向上弯曲翘起，然后用手指挤压玻璃珠所处部位，使溶液从管口喷出，即可将气泡排去（图 2-3）。对于酸管，应将其倾斜 30°，迅速转动旋塞，使溶液冲出管口，将气泡排除（不能排除时，则打开旋塞后，上下振动酸管，即可将气泡排除）。排除气泡后，调节液面在 0～1mL 的刻度之间，并除去管尖嘴外液滴

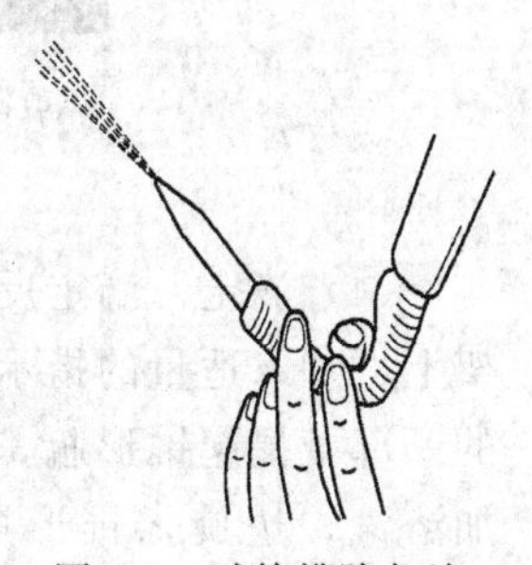

图 2-3　碱管排除气泡

(可用干净的玻璃棒触碰除去)，然后读取液面对应的刻度值（体积初读数)。

(3) 滴定管的读数　滴定中消耗溶液的体积等于终读数与初读数之差。为了得到准确的体积读数，一般应遵守下列原则：

① 装入溶液或放出溶液后，必须等待附于内壁的溶液流下（1～2min)，才能读数。

② 读数时，滴定管的出口尖嘴外应无液滴悬挂、尖嘴管内无气泡。

③ 读数时，滴定管必须取下，用拇指和食指捏住滴定管的零刻度以上部位，并确保滴定管垂直。

④ 读数必须精确至 0.01mL，及时做好记录。

对于无色或浅色溶液，读数时视线应与管内溶液弯月面下缘实线的最低点相切[图 2-4(a)]。初学者练习读数时，可在滴定管后衬一黑白两色的读数卡，将卡片紧贴滴定管，黑色部分在弯月面下约 1mm 处，即可看到弯月面反映层呈黑色［图 2-4(b)]。对于深色溶液（如高锰酸钾溶液)，读数时视线应与液面两侧最高点相切[图 2-4(c)]。对于“蓝带”滴定管，应读取其中间的弯月面三角交叉点所对应的刻度值［图 2-4(d)]。

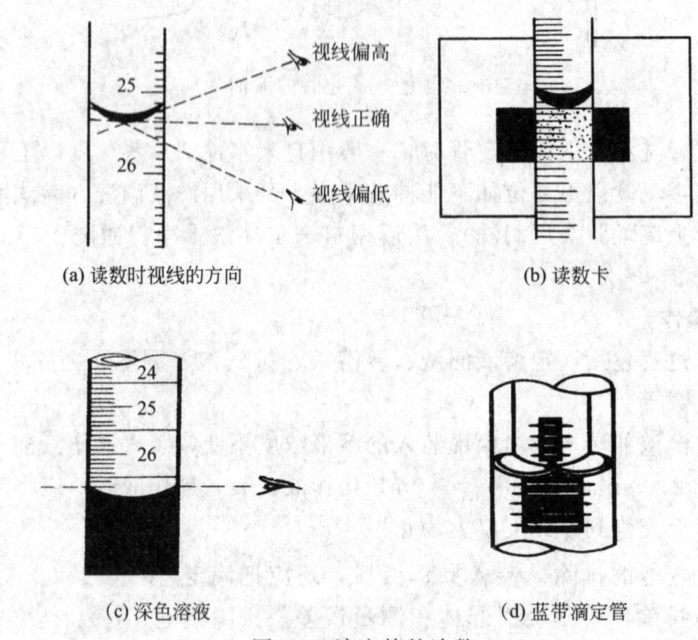

(a) 读数时视线的方向　(b) 读数卡

(c) 深色溶液　(d) 蓝带滴定管

图 2-4　滴定管的读数

(4) 滴定　滴定反应一般是在锥形瓶中进行的。滴定时，将滴定管夹在滴定台架上，加入适量的指示剂于待滴液中。然后左手操作滴定管，右手自然拿住锥形瓶的颈部，提起锥形瓶，使滴定管下端伸入瓶口内 1cm 左右，两手配合操作，边滴加溶液，边旋摇锥形瓶（图 2-5)，使瓶内溶液充分混合、及时反应，直至反应终点。

① 酸管的操作 使用酸管时，旋塞柄向右，左手拇指在管前方、食指和中指在管后方控制旋塞的转动［图 2-5(a)］，无名指和小指向手心空握并轻贴出口部分，以免掌心把旋塞顶出而发生溶液渗漏。

② 碱管的操作 使用碱管时，左手拇指和食指捏住玻璃珠所在部位，其他三指辅助夹出口管，向右推挤乳胶管，使玻璃珠移至手心一侧而形成一个小缝隙［图 2-5(b)］，这样即可使溶液流出。注意，不要用力捏挤玻璃珠，也不要使玻璃珠上下移动，不要捏挤玻璃珠下方胶管，以免空气进入而形成气泡，而造成读数误差。

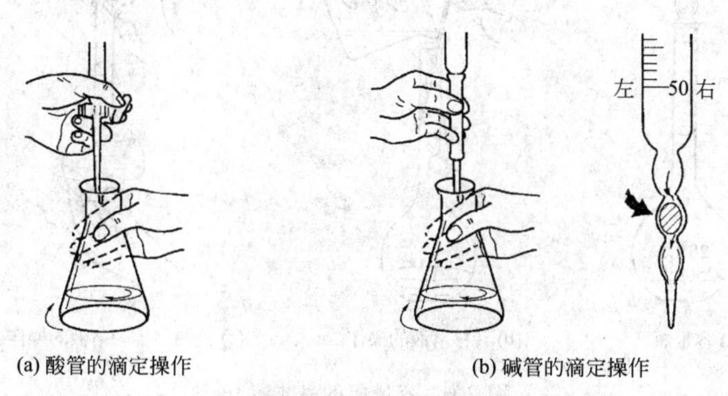

(a) 酸管的滴定操作　　(b) 碱管的滴定操作

图 2-5 滴定的方法

进行滴定操作时，还应注意以下几点：

① 最好每次滴定都从 0.00mL 附近开始，且使溶液消耗的体积相近，这样可减小测量误差。

② 使用酸管滴定时，左手不能离开旋塞，而任溶液自流。摇瓶时，应微动手腕，使溶液向同一方向旋转，速度适当。不能来回振动，以免溶液溅出。同时，不要让瓶口碰到滴定管尖嘴。

③ 滴定时，应注意观察溶液滴落点周围颜色的变化。不要去看滴定管内溶液的位置变化，而不顾终点指示反应的变化。

④ 滴定时应控制好滴定速度。一般情况下，开始时可稍快，滴定速度呈“见滴成线”，即每秒 3～4 滴，不能太快；接近终点时，应一滴一滴地滴，甚至半滴半滴地加入溶液，即滴入溶液后（出现某颜色），摇动锥形瓶（褪色），再加，再摇动，直至反应到达终点（即指示剂真正“变色”，30s 内不褪色）为止。

⑤ 临近终点时，需要半滴半滴地加入溶液。其操作方法是：小心控制滴定管的旋塞或玻璃珠部位，使溶液悬挂在滴定管尖嘴外而形成液滴，然后将液滴靠落在锥形瓶内壁上，再倾斜旋摇锥形瓶或用少量去离子水吹洗，使附于瓶壁上的溶液洗至瓶中。

⑥ 滴定完毕，应倒去滴定管中的余液（回收），将滴定管冲洗干净，放回仪器柜或倒夹在滴定管架上，摆放整齐。

二、容量瓶

容量瓶是一种带有磨口玻璃塞（或塑料塞）的细颈梨形平底玻璃瓶［图 2-6(a)］，其颈部有一环状刻度线，一般表示 20℃时，瓶内液体充满到这一刻度线时的标称准确体积。容量瓶主要用于准确配制一定体积的标准溶液或试液，常与分析天平、移液管等配合使用。容量瓶的规格有 50mL、100mL、250mL 等。

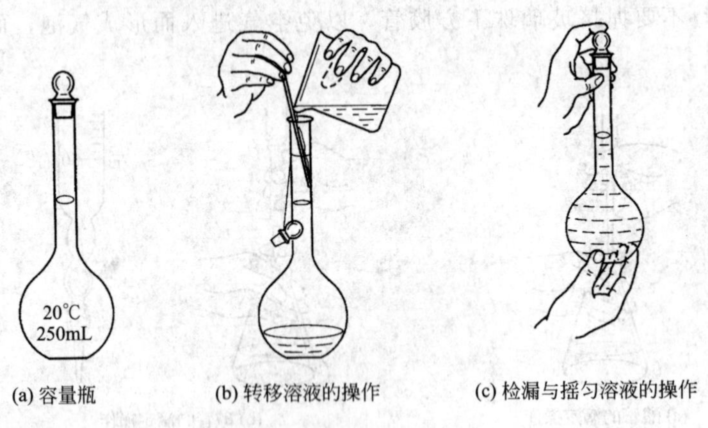

(a) 容量瓶　(b) 转移溶液的操作　(c) 检漏与摇匀溶液的操作

图 2-6　容量瓶的基本操作

1. 容量瓶检漏和洗涤

用容量瓶前，要检查瓶塞是否漏水。查漏的操作方法是：注入适量的自来水，盖好瓶塞，擦干瓶外水滴，食指按住瓶塞，其余手指拿住瓶颈上部，用另一只手的指尖托拿瓶底边缘［图 2-6(c)］，将容量瓶倒立 2mim。如无水渗出，再将瓶直立，瓶塞转动 180°，同法检查。不漏水的容量瓶才能使用。检查瓶塞不漏水后，按常规操作洗净容量瓶。一般是先用自来水冲洗干净后，再用适量的去离子水润洗 2～3 次。不能洗净时，可用铬酸洗液进行浸洗处理。

2. 配制溶液

将准确称取一定量的固体试样置于干净的小烧杯中，加入适量去离子水或其他溶剂使固体溶解，然后将溶液定量转入容量瓶中，转移时要使溶液沿玻璃棒流入瓶中。通常将玻璃棒下端沿烧杯口悬空伸入容量瓶并靠在瓶颈内壁，烧杯嘴紧靠玻璃棒，小心地使溶液沿着玻璃棒和内壁注入容量瓶中，如图 2-6（b）所示。溶液流完后，将烧杯嘴沿着玻璃棒稍微向上提起使烧杯直立，再将玻璃棒提起放回烧杯中。然后用洗瓶吹出适量去离子水涮洗玻璃棒和烧杯内壁，再将溶液定量转入容量瓶中。同法吹洗 5 次左右，以保证溶质定量转移。加入去离子水至 2/3 左右容积时，拿起容量瓶并轻轻旋摇几周，使瓶内溶液初步混匀，继续用水稀释，当瓶内溶液的液面接近标线（约 1cm）时，稍等，再改用细长的胶头滴管小心地滴加去离子水，直至溶液弯月面下缘与标线相切。最后，盖上配套的瓶塞，一手拿住瓶颈，食指按住瓶塞；另一只手的手指托住瓶底边缘［图 2-6(c)］，将容量瓶倒转（使空气升至顶部)，振摇，再直立，再倒转振摇，重复3次左右，使瓶内溶液充分混合均匀。

使用容量瓶时，应注意几点：

① 容量瓶不能放入烘箱中烘烤或在电炉上直接加热，也不能直接转入热溶液。

② 容量瓶不宜用来长久保存试剂溶液。需长久保存的溶液，应改用试剂瓶来贮存。

③ 容量瓶用后应立即冲洗干净。如长期不用，其磨口处应擦干并加垫小纸片，以防粘紧磨口塞。

三、移液管和吸量管

移液管是中间有一膨大部分的细长玻璃管［图2-7(a)］，管颈上部刻有一环形标线，它表示在标示的温度下，抽吸溶液至其弯月面下缘与标线相切，并经尖嘴自然流出时所放出的溶液的体积。移液管用于准确移取一定体积的溶液，常用的有10mL、25mL、50mL等规格。

吸量管是一种具有分刻度的玻璃管（也常称为移液管），有1mL、2mL、5mL、10mL等规格，其刻度形式不尽相同［图2-7(b)］。吸量管一般用于移取非整数的小体积溶液，但准确度差一些。使用前，应将移液管和吸量管洗涤至其内壁不挂水珠（用洗液洗涤的操作与下述润洗相似）。为了量取准确体积的溶液，必须正确地使用移液管和吸量管。

1. 移液管和吸量管的润洗

移取溶液前，移液管和吸量管必须用适量的待移液润洗2～3次，以保证所移溶液的浓度不变。用洗净并烘干的小烧杯倒出一部分欲移取的溶液，右手拇指和中指拿住移液管管颈上端，无名指和小指辅助拿住移液管，把移液管下端的尖口插入溶液中，左手持洗耳球（拇指或食指在上方），挤出空气后，将洗耳球尖口对准移液管上口慢慢放松洗耳球，用移液管吸取溶液5～10mL，立即用右手食指按住管口（尽量勿使溶液回流，以免稀释），将管横过来，用两手的拇指及食指分别拿住移液管的两端，转动移液管并使溶液布满全管内壁，当溶液流至距上口2～3cm时，将管直立，使溶液由尖嘴（流液口）放出，弃去。同样方法润洗2～3次。吸量管的润洗操作与此相似。

2. 溶液移取

移取溶液时，将润洗过的移液管插入容量瓶内待移取溶液液面以下1～2cm深度。不要插入太深，以免外壁沾带溶液过多；也不要插入太浅，以防液面下降时吸空（管尖应随外液面下降而下降）。当管中液面上升至刻线以上时，迅速移去洗耳球，并用右手食指按住移液管管口，左手改拿盛待移溶液的容器，然后将移液管提离液面，并将移液管伸入溶液的部分沿容器内壁轻转两圈，以除去管外壁上的溶液。将容器略微倾斜，使其内壁与移液管尖紧贴，再垂直向上缓缓放松食指，让空气沿食指和移液管口相接触的四周间隙均匀地进入移液管，使管内液面慢慢下降，直到管内溶液的弯月面与标线相切（视线平视）时，立即按紧管口。然后，移开待移液容器，左手改拿接受溶液的容器并略微倾斜，使其内壁与管尖紧贴，再松开食指，使溶液自然地顺壁流入容器中［图 2-7(c)］。溶液流完后，停留 15s 左右，再移出移液管。注意，此时移液管尖嘴内还会留有少量溶液，一般不能将其吹入容器中（除非管上标明"吹"字），因为在生产检定移液管时，就没有把这部分体积算进去。吸量管的使用，大体上与移液管相似。移液管和吸量管使用完毕后，应及时冲洗干净，并放回仪器柜或放在移液管架上。

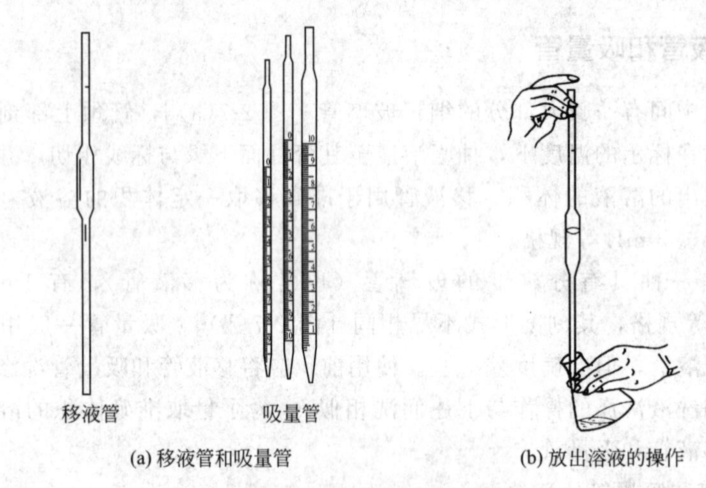

图 2-7　移液管及其操作

第二节　沉淀重量分析法仪器及操作方法

一、沉淀重量分析法

1. 沉淀重量法

沉淀重量法是利用沉淀反应使被测组分生成溶解度很小的沉淀，将沉淀过滤、洗涤后，烘干或灼烧成为组成一定的物质，然后称其质量，再计算被测组分的含量。一般的分析过程如下：

$$\text{试样}\xrightarrow{\text{溶解}}\text{试液}\xrightarrow{\text{沉淀}}\text{沉淀形式}\xrightarrow{\text{过滤、洗涤、烘干或灼烧}}\text{称量形式}\xrightarrow{\text{称重}}\text{计算含量}$$

2. 沉淀条件的选择

（1）晶形沉淀形成的条件　许多晶形沉淀如 $BaSO_4$、CaC_2O_4 等，容易形成能穿过滤纸的微小结晶，因此必须创造生成较大结晶的条件。这就必须使生成结晶的速度慢，而晶体成长的速度快，为此必须创造以下条件：

① 沉淀要在适当稀的溶液中进行，这样结晶核生成的速度就慢，容易形成较大的晶体颗粒。

② 应在不断搅拌的情况下慢慢加入沉淀剂，尤其在开始时，要避免溶液局部形成过饱和溶液，生成过多的结晶核。

③ 在热溶液中进行沉淀。因为在热溶液中沉淀的溶解度一般将增大，这样可使溶液的过饱和度相对降低，从而使晶核生成得较少。同时在较高的温度下晶体吸附的杂质量也较少。

④ 过滤前进行“陈化”处理。在生成晶形沉淀时，有时并非立刻沉淀完全，而是需要一定时间，此时小晶体逐渐溶解，大晶体继续成长，这个过程称“陈化”作用。陈化作用不仅可使沉淀晶体颗粒长大，而且也使沉淀更为纯净，因为晶体颗粒长大总表面积变小，吸附杂质的量就少了。加热和搅拌可加速陈化作用，缩短陈化时间。

（2）形成无定形沉淀的条件　首先要注意避免形成胶体溶液，其次要使沉淀形成较为紧实的形状以减少吸附，因此要求沉淀的条件为：

① 沉淀应在浓溶液中进行，浓溶液可减小离子的水化程度，得到的沉淀含水量少、体积较小、结构较紧密。迅速加入沉淀剂并不断搅拌可促使微粒凝聚。

② 在热溶液中进行，即可防止形成胶体沉淀，又可减少杂质的吸附量。加入电解质作凝结剂，破坏胶体溶液。

③ 沉淀反应完全后需要加入热水适当稀释。因为在浓溶液中进行沉淀时，杂质的浓度也相应提高，增加了杂质吸附量，因此加入热水充分搅拌，使被吸附的杂质离子离开沉淀表面转入溶液中。

④ 沉淀完成后，立即趁热过滤，不要陈化。无定形沉淀放置后将逐渐失去水分，而聚集的更为紧密，使已吸附的杂质难以洗去。

二、沉淀重量法基本操作

1. 沉淀的过滤和洗涤

（1）滤纸的选择　根据沉淀在灼烧中是否会被纸灰还原以及称量物质的性质，确定是采用过滤坩埚还是滤纸进行过滤。如果采用滤纸过滤，操作时应根据沉淀性质选择滤纸，一般粗大晶形沉淀用中速滤纸，细晶或无定性沉淀选用慢速滤纸，沉淀为胶体状时应用快速滤纸。所谓快慢之分是按滤纸孔隙大小而定，快则孔隙大。

（2）漏斗的选择　过滤用漏斗的大小应与滤纸的大小相适应，应使折叠后的滤纸上沿低于漏斗上沿 0.5～1cm，玻璃漏斗锥体角度应为 60°，颈口倾斜角度为 45°，颈长一般为 15～20cm，颈内径不要太大，以 3cm 左右为宜。

（3）滤纸折叠和漏斗的准备　所需要的滤纸选好后，将滤纸沿圆心对折两次，但先不要折死。按三层一层比例将其撑开呈圆锥状放入漏斗中，如果上沿不十分密合，可改变滤纸的折叠角度，直到与漏斗密合为止，且要求滤纸边缘应低于漏斗上沿 0.5～1.0cm。这时可将滤纸的折边折死。撕去滤纸三层外面两层的一角，要横撕不要竖撕，撕角的目的是使滤纸能紧贴漏斗。将滤纸放入漏斗，加少量蒸馏水润湿滤纸，轻压滤纸赶走气泡。加水至滤纸边缘，使漏斗颈中充满水，形成水柱，以便过滤时该水柱重力可起到抽滤作用，加快过滤速度。如不能形成完整的水柱，可用手指堵住漏斗下口，继续向漏斗内加蒸馏水，赶尽滤纸与漏斗间的气泡，同时慢慢放开手指，即可形成水柱。若再不行，应考虑换颈细的漏斗。

（4）过滤和洗涤　过滤和洗涤一般分三步进行。第一步采用倾泻法，尽可能地过滤上层清液；第二步转移沉淀到漏斗上；第三步清洗烧杯和漏斗上的沉淀。此三步操作一定要一次完成，不能间断，尤其是过滤胶状沉淀时更应如此。

采用倾泻法是为了避免沉淀过早堵塞滤纸上的空隙，影响过滤速度。过滤时，置漏斗于漏斗架上，漏斗颈与接收容器紧靠，用玻璃棒贴近三层滤纸一边见图 2-8（a）。首先沿玻璃棒倾入沉淀上层清液，一次倾入的溶液一般最多只充满滤纸的 2/3，以免少量沉淀因毛细作用越过滤纸上沿而损失。当倾注暂停时，要小心把烧杯扶正，玻璃棒不离杯嘴［图 2-8(b)］，到最后一液滴流完后，将玻璃棒收回放入烧杯中（此时玻璃棒不要靠在烧杯嘴处［图 2-8(c)］，因为烧杯嘴处可能沾有少量的沉淀），然后将烧杯从漏斗上移开。倾入完成后，在烧杯内将沉淀用少量洗涤液搅拌洗涤，静置沉淀，再如上法倾出上清液，如此 3～4 次。残留的少量沉淀可用以下方法全部转移干净（图 2-9）。左手持烧杯倾斜着拿在漏斗上方，烧杯嘴向着漏斗。用食指将玻璃棒横架在烧杯口上，玻璃棒的下端向着滤纸的三层处，用洗瓶吹出洗液，冲洗烧杯内壁，沉淀连同溶液沿玻璃棒流入漏斗中。沉淀全部转移到滤纸上以后，仍需在滤纸上洗涤沉淀，以除去沉淀表面吸附的杂质和残留的母液。其方法是从滤纸边沿稍下部位开始，用洗瓶吹出的水流，按螺旋形向下移动。并借此将沉淀集中到滤纸锥体的下部（图 2-10）。黏附在烧杯壁上和玻璃棒上的沉淀可用淀帚自上而下刷至杯底，再转移到滤纸上。洗涤时应注意，切勿使洗涤液突然冲在沉淀上，这样容易溅失。整个过滤操作可总结为“一角”“二低”和“三靠”。

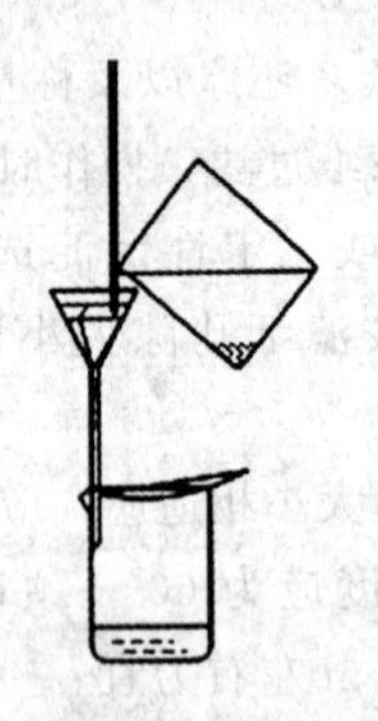

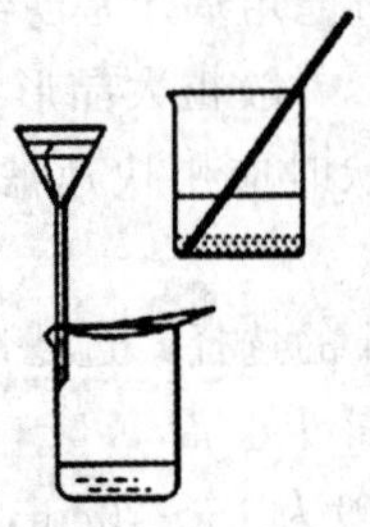

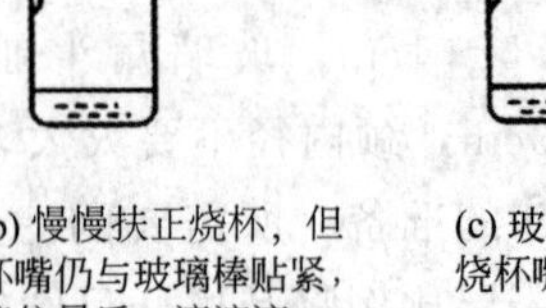

(a) 玻璃棒垂直紧靠烧杯嘴，下端对着滤纸三层的一边，但不能碰到滤纸

(b) 慢慢扶正烧杯，但杯嘴仍与玻璃棒贴紧，接住最后一滴溶液

(c) 玻璃棒远离烧杯嘴搁放

图 2-8　过滤操作

注意事项：提高洗涤效率，每次使用少量洗涤液，洗后尽量沥干，多洗几次，通常称为“少量多次”的原则。沉淀洗涤后，用干净的试管接取几滴滤液，选择灵敏的定性反应来检验共存离子，判断洗涤是否完全。

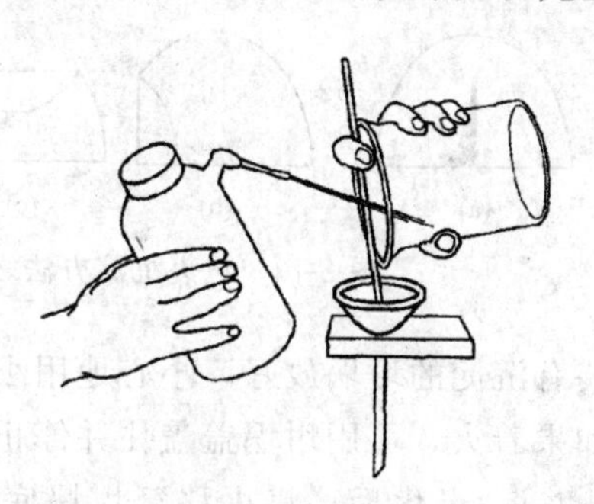

图 2-9　沉淀转移

图 2-10　沉淀的洗涤

2. 沉淀的烘干、灼烧及恒重

（1）瓷坩埚的准备　在定量分析中用滤纸过滤的沉淀，有些需在瓷坩埚中灼烧至恒重。因此要先准备好已知质量的坩埚。将洗净的坩埚倾斜放在泥三角上（图 2-11），斜放好盖子，用小火小心加热坩埚盖，使热空气流反射到坩埚内部将其烘干。稍冷，蘸取硫酸亚铁铵溶液（或硝酸钴等溶液）在坩埚和盖上编号，然后在高温炉中加热灼烧至恒重。灼烧温度和时间应与灼烧沉淀时相同（沉淀灼烧所需的温度和时间，随沉淀而异）。在灼烧过程中要用热坩埚钳慢慢转动坩埚数次，使其灼烧均匀。空坩埚第一次灼烧 30min 后，停止加热，稍冷却（红热退去，再冷 1min 左右），用热坩埚钳夹取放入干燥器内冷却 45～50min，然后称量（称量前 10min 应将干燥器拿到天平室）。第二次再灼烧 15min，冷却（每次冷却时间要相同），称量，直至两次称量相差不超过 0.2mg，即视为恒重。将恒重后的坩埚放在干燥器中备用。

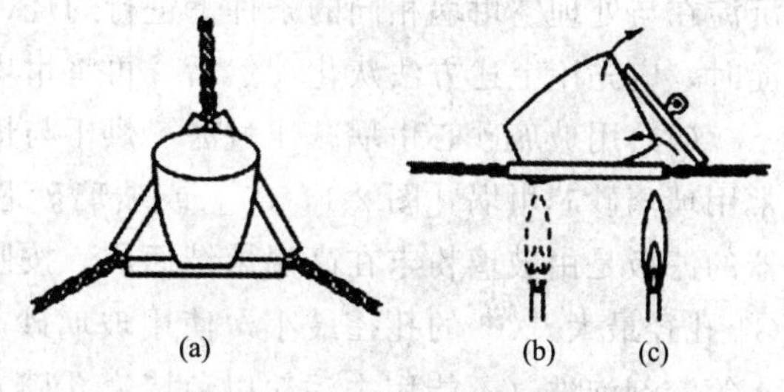

图 2-11　沉淀的烘干和灼烧

（2）沉淀的包裹　经过上述步骤过滤、洗涤后的沉淀，如需烘干、灼烧，可按下法转移：晶形沉淀一般体积较小，可用清洁的玻璃棒将滤纸的三层部分挑起，再用洗净的手将带沉淀的滤纸取出，打开成半圆形，自右边半径的 1/3 处向左折叠，再从上边向下折，然后自右向左卷成小卷，最后将滤纸放入已恒重的坩埚中，包卷层数较多的一面应朝上，以便于炭化和灰化（图 2-12）。对于胶状沉淀，由于体积一般较大，不宜用上述包裹方法，而应用玻璃棒将滤纸边挑起（三层边先挑），再向中间折叠（单层边先折叠），将沉淀全部盖住（图 2-13），再用玻璃棒将滤纸转移到已恒重的瓷坩埚中（锥体的尖头朝上）。

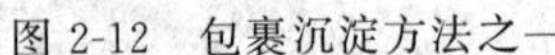

图 2-12 包裹沉淀方法之一

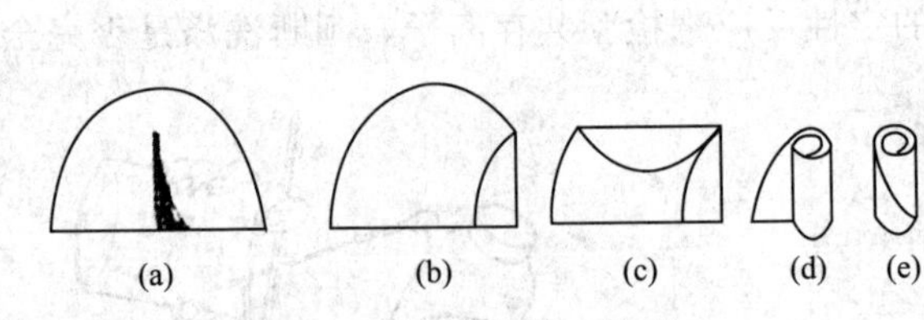

图 2-13 包裹沉淀方法之二

（3）烘干、灼烧及恒重　将装有沉淀的坩埚放好，小心地用小火把滤纸和沉淀烘干直至滤纸全部炭化。炭化时如果着火，可用坩埚盖盖住并停止加热使火焰熄灭（切不可吹灭，以免沉淀飞扬而损失）。炭化后，将火移至坩埚底部，逐渐升高温度，使滤纸灰化（将碳氧化成二氧化碳而沉淀留下的过程）。滤纸全部灰化后，将沉淀在与处理空坩埚相同的条件下进行灼烧、冷却，直至恒重。使用马弗炉煅烧沉淀时，应先用上述方法灰化，然后，再将坩埚放入马弗炉中煅烧至恒重。

（4）用玻璃砂心坩埚减压过滤、烘干与恒重　只要经过烘干即可称量的沉淀通常用玻璃砂芯坩埚［图 2-14(a)］或玻璃砂芯漏斗［图 2-14(b)］过滤。这种过滤器的滤板是由玻璃粉末在高温熔结而成。按照微孔的孔径大小分为 6 级，G1～G6。G1 孔径最大，G6 的孔径最小。使用玻璃砂芯坩埚前先用稀 HCl、稀 HNO_3 或氨水等溶剂泡洗（不能用去污粉以免堵塞孔隙），然后通过橡皮垫圈与吸滤瓶相连再接上抽气泵，先后用自来水和蒸馏水抽洗。洗净的坩埚在与烘干沉淀相同的条件下（沉淀烘干的温度和时间根据沉淀的种类而定）烘干，然后放在干燥器中冷却（约需 0.5h），称量。重复烘干、冷却、称量，直至恒重。用玻璃砂坩埚过滤沉淀时，把经过恒重的坩埚装在吸滤瓶上［图 2-14(c)］，先用倾泻法过滤。经初步洗涤后，把沉淀全部转移到坩埚中，再将烧杯和沉淀用洗涤液洗净后，把装有沉淀的坩埚置于烘箱中，在与空坩埚相同的条件下烘干、冷却、称重，直至恒重。玻璃砂心坩埚耐酸能力强、耐碱能力弱，因此不能过滤碱性较强的溶液。

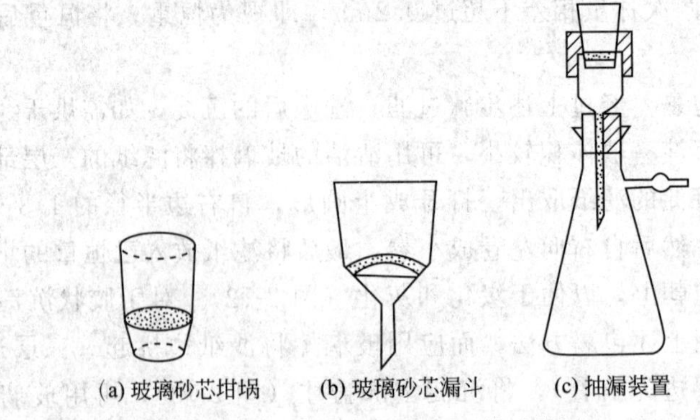

图 2-14 玻璃砂芯坩埚及抽滤装置

3. 干燥器的使用

干燥器是存放干燥物品防止吸湿的玻璃仪器（图 2-15）。干燥器的下部盛有干燥剂（常用变色硅胶或无水氯化钙），上搁一个带孔的圆形瓷板以放容器，瓷板下放一块铁丝网以防盛放物下落。干燥器是磨口的，涂有一层很薄的凡士林以防止水汽进入。开启（或关闭）干燥器时，应用左手朝里（或朝外）按住干燥器下部，用右手握住盖上的圆顶朝外（或朝里）平推器盖［图 2-15(a)］。当放入热坩埚时，为防止空气受热膨胀把盖子顶起而滑落，应当用同样的操作两手抵着它，反复推、关盖子几次以放出热空气，直至盖子不再容易滑动为止。搬动干燥器时，不应只捧着下部，应同时按住盖子［图 2-15(b)］，以防盖子滑落。

使用干燥器时应注意：

① 干燥器应注意保持清洁，不得存放潮湿的物品。

② 干燥器只在存放或取出物品时打开，物品取出或放入后，应立即盖上。

③ 放在底部的干燥剂，不能高于底部高度的 1/2，以防沾污存放的物品。干燥剂失效后，要及时更换。

④ 干燥器装入干燥剂之前，要先擦净干燥器的内壁，将多孔瓷板洗净烘干，然后把干燥剂筛去粉尘后，借助纸筒放入干燥器底部（图 2-16），以免干燥剂污染内壁的上部，再盖上多孔瓷板。在干燥器的磨口上涂上一层薄而均匀的凡士林，盖上干燥器盖备用。

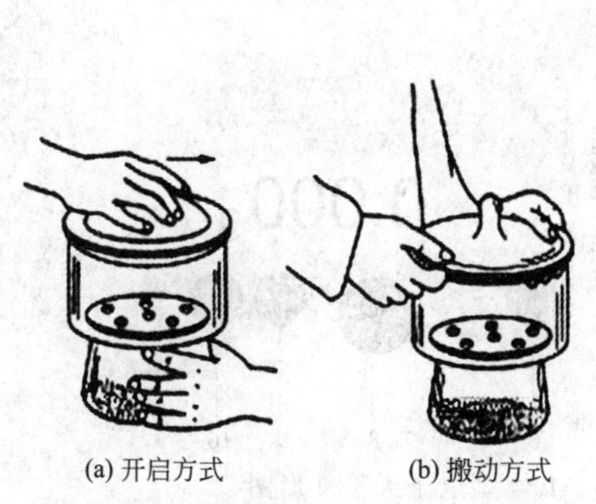

(a) 开启方式　(b) 搬动方式

图 2-15　干燥器的使用和开启

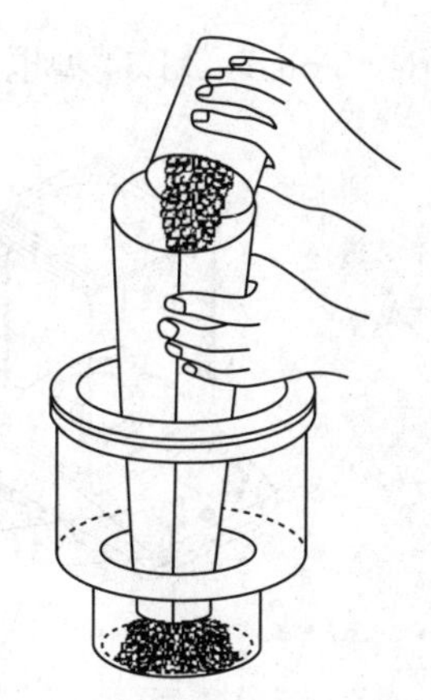

图 2-16　干燥器装干燥剂的方法

第三节　电子分析天平的使用

一、电子天平基本原理及分类

电子天平是利用电磁力平衡原理实现称量的一类仪器。当秤盘上加上或移去被称物时，天平产生不平衡状态，此时可以通过位置检测器检测到线圈在磁场中的瞬间位移，经过电磁力自动补偿电路使其电流变化以数字方式显示出被测物体的质量。天平在使用的过程中会受到所处环境温度、气流、震动、电磁干扰等因素影响，因此应尽量避免或减少在这些环境下使用。

电子天平按精度可分为以下几类：

（1）超微量电子天平　超微量天平的最大称量是2～5g，其标尺分度值小于（最大）称量的10^{-6}，如Mettler Toledo的XPR2型电子天平。

（2）微量天平　微量天平的称量一般在3～50g，其分度值小于（最大）称量的10^{-5}，如Mettler Toledo的XPE26DR型电子天平以及Sartoruis的S4型电子天平。

（3）半微量天平　半微量天平的称量一般在20～100g，其分度值小于（最大）称量的10^{-5}，如Mettler Toledo ML54T/00型电子天平和Sartoruis的M25D型电子天平。

（4）常量电子天平　此种天平的最大称量一般在100～200g，其分度值小于（最大）称量的10^{-5}，如Mettler Toledo的XPE204型电子天平和Sartoruis的A120S、A200S型电子天平。

其实电子分析天平是常量天平、半微量天平、微量天平和超微量天平的总称。

精密电子天平是准确度级别为Ⅱ级的电子天平的统称。

二、Mettler Toledo AL54电子天平基本操作步骤

Mettler Toledo AL54型电子天平外形如图2-17所示，基本操作步骤如下：

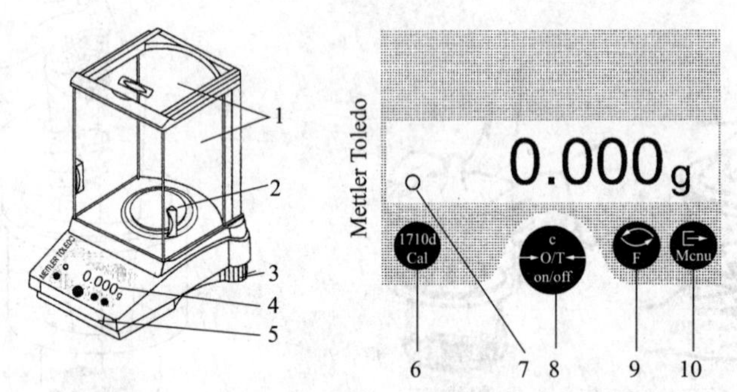

图2-17　Mettler Toledo AL54型电子天平外形图

1—防风罩拉门；2—秤盘；3—水平调节脚；4—显示屏；5—参数表牌；6—调整键；7—稳定状态探测符；8—称量操作键（取消、去皮、开关）；9—功能转换键；10—菜单选项键

1. 调节水平

通过观察天平背后下部的水平泡判断天平是否处于水平，若水平泡偏离中心，则调整天平底部的水平调节脚，使水平仪内空气泡位于圆环中央。

2. 预热

首次称量前，必须先通电预热60min以上以达到工作温度。

3. 开机

接通外电路，天平自检结束（出现“OFF”字样），然后单击开关键（“ON/OFF”键），当出现称量模式“0.0000g”后，即可进行称量。

4. 校准

为了获得准确的称量结果，必须对电子天平进行校准以适应当地的重力加速度。特别是首次使用天平称量之前及改变位置之后。称量工作中也应定期进行校准。

① 准备好校准用的校准砝码，让秤盘空着。按住校准键（“CAL”键），至显示屏出现“CAL”字样再松开该键。所需要的校准砝码值会在显示屏上闪烁。

② 放上所需的校准砝码（在秤盘的中心位置）。天平自动地进行校准。当“0.00g”闪烁时，移去砝码。

③ 在显示屏上短时间出现（闪现）信息“CAL done”，紧接着又出现“0.00g”时，天平校准结束，又回到称量工作状态，等待称量。

5. 称量

根据实验要求，选用一定的称量方法进行称量。

(1) 指定质量法　将容器置于秤盘上，稍待显示屏左下角的稳定状态探测符“。”消失，天平显示出容器的质量。点击去皮键（“→O/T←”键）清零去皮重，天平显示“0.0000g”后，用药匙将试样逐渐加到容器中，直至天平显示的数字为指定的试样质量（如0.5000g）即可。此时的读数即为试样的净重，记录读数，移出被称物。

(2) 差减称量法　将装有样品的称量瓶置于秤盘上，待稳定状态探测符“。”消失（天平显示被称物的质量），点击去皮键清零（天平显示“0.0000g”）。左手拿纸条套住称量瓶并移至接受容器上方，右手拿小纸片夹住瓶盖，向下稍倾称量瓶身，用称量瓶盖轻敲瓶口上部使试样慢慢落入容器中，瓶盖始终不要离开接受容器上方。当倾出的试样接近所需量，一边继续用瓶盖轻敲瓶口，一边逐渐将瓶身竖直，使沾附在瓶口上的试样落回称量瓶，然后盖好瓶盖（图2-18）。将内有余样的称量瓶置于秤盘上，天平显示的负读数即为落入接受容器中试样的质量。有时一次

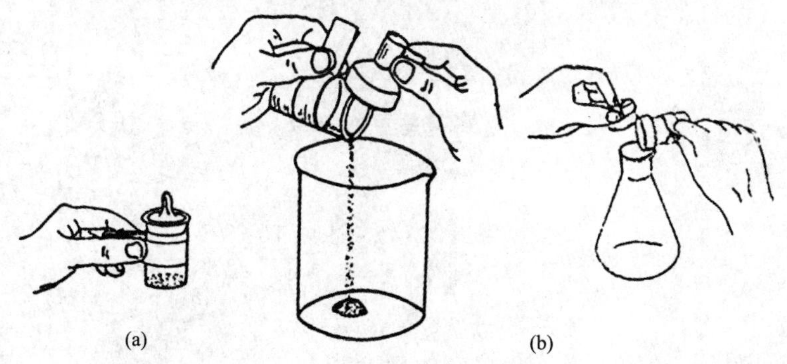

图2-18　取称量瓶方法（a）及将试样从称量瓶转移至接受容器的操作（b）

很难得到符合质量范围要求的试样，可重复上述称量操作 1～2 次（多次转移，易引起试样吸湿或损失），及时准确记录原始数据。称第二份试样时先清零，其他步骤不变。

6. 天平复原

称量结束，按住开关键（“ON/OFF”键），至显示屏出现“OFF”字样再松开按键，关闭天平，切断电源，清洁、整理天平。

第三章 仪器分析设备及操作方法

第一节 光学分析法仪器及操作方法

一、紫外-可见分光光度法仪器及操作

1. 紫外-可见分光光度法

紫外-可见分光光度法是根据物质分子对紫外及可见光谱区光辐射的吸收特征和吸收程度进行定性、定量分析的方法。其研究对象大多在 200～380nm 的近紫外光区或 380～780nm 的可见光区有吸收。通常可见光分光光度法主要用于定量分析，其定量依据是朗伯-比尔（Lambert-Beer）定律。紫外分光光度法除用于定量分析外，在确定有机化合物结构方面也发挥重要作用。该方法仪器设备简单，因此被广泛用于地矿、环境、材料、临床和食品分析等。在化学研究中，如平衡常数的测定、配位化合物的组成测定等都离不开紫外-可见吸收光谱。

2. 紫外-可见分光光度法仪器及操作方法

(1) 722N 型可见光分光光度计

① 722N 型可见光分光光度计结构及性能　722N 型光度计（图 3-1）为单光束分光光度计，主要由五部分组成。

a. 光源：钨卤素灯，12V、20W。

b. 分光系统：光栅自准式色散系统。

c. 吸收池：石英或玻璃材质。

d. 检测系统：硅光电池。

e. 信号显示系统。

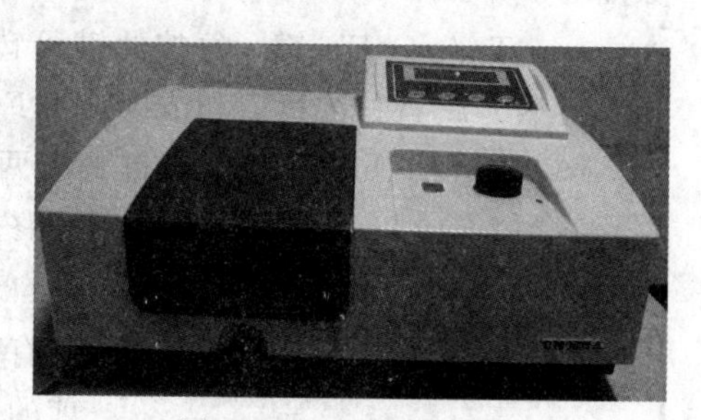

图 3-1　722N 型可见光分光光度计外形

仪器的主要部分光路系统结构如图 3-2 所示。光源发出的连续辐射光经滤色片选择后，由聚光镜聚光后投向单色器进狭缝，此狭缝正好在聚光镜及单色器内准直

镜的焦平面上，因此进入单色器的复合光通过平面反射镜反射及准直镜准直变成平行光射向色散元件光栅，光栅将入射的复合光通过衍射作用，采用光栅自准式色散系统和单光束结构光路，形成按照一定顺序均匀排列的连续的单色光谱，此单色光谱重新回到准直镜上，由于仪器出射狭缝设置在准直镜的焦平面上，这样，从光栅色散出来的光谱经准直镜后利用聚光原理成象在出射狭缝上，出射狭缝选出指定带宽的单色光通过聚光镜落在试样室被测样品中心，样品吸收后透射的光经光门射向光电池接收。

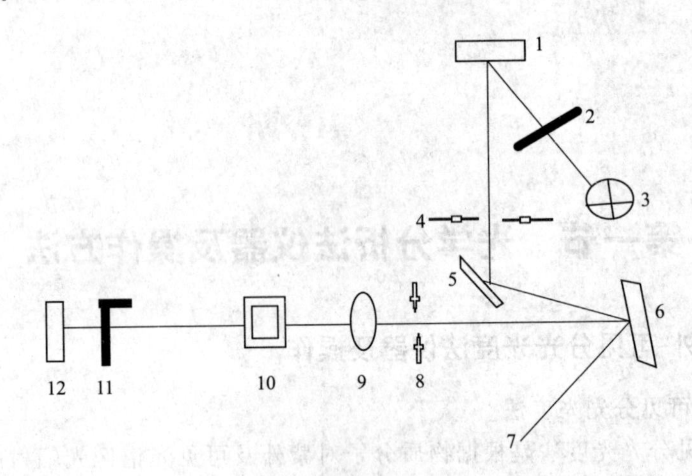

图 3-2　722N 型可见光分光光度计光路结构

1—聚光镜；2—滤色片；3—钨卤素灯；4—进狭缝；5—反射镜；6—准直镜；
7—光栅；8—出狭缝；9—聚光镜；10—样品架；11—光门；12—光电池

722N 型可见光分光光度计工作波长范围为 325～1000nm；波长最大允许误差≤2mm；波长重复性≤1mm；光谱带宽为 4±0.8nm。

② 722N 型可见光分光光度计键盘及功能键　722N 型可见光分光光度计键盘如图 3-3 所示。

a. “T/A/C/F”键　每按此键可转换显示模式，重复按此键显示数据在透射比 T、吸光度 A、浓度 c 和浓度因子 F 之间转换。

b. “Enter/Print”键　该键具有两个功能，当处于 F 状态时，具有确认输入和修改浓度因子的功能，即确认当前的 F 值，并自动计算刷新当前的 F 值；当处于 C 状态时，具有确认输入和修改标样浓度的功能，即确认当前的 c 值，并自动计算刷新当前的 c 值。

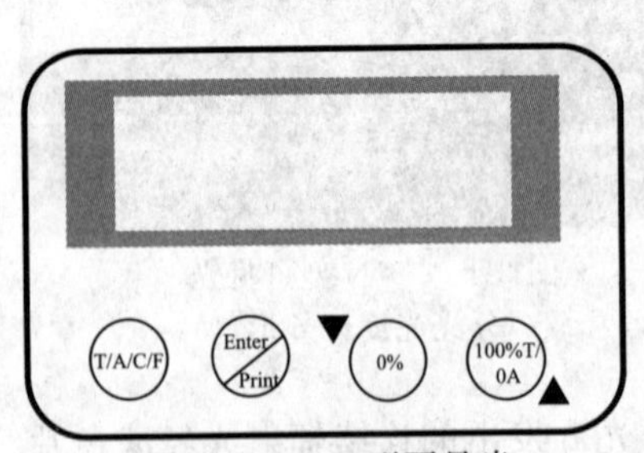

图 3-3　722N 型可见光分光光度计键盘

c. “▼0%”键　该键具有三个功能：

ⅰ. 调零　只有在 T 状态有效，打开样品室盖，按键后应显示“000.0”。

ⅱ. 下降输入键　在 F 状态时有效，按该键

F 值会自动以0.1递减，如按住本键不放，自动以1递减，如果 F 值为0后，再按键会自动变为1999，重新递减。

ⅲ. 下降输入键　在C状态时有效，按该键 c 值会自动以0.1递减，如按住本键不放，自动以1递减，直至 c 值为0000。

d. "100%/0A▲"键　该键具有三个功能：

ⅰ. 调满度/吸光度零　只有在T、A状态有效，关闭样品室盖，按键后应显示"100.0"和"000.0"。

ⅱ. 上升输入键　在F状态时有效，按该键 F 值会自动以0.1递减，如按住本键不放，自动以1递减，如果 F 值为1999后，再按键会自动变为0000，重新递增。

ⅲ. 上升输入键　在 c 状态时有效，按该键 c 值会自动以0.1递增，如按住本键不放，自动以1递增，直至 c 值为1999×A。

③ 722N型可见光分光光度计操作步骤

a. 开机预热　接通电源，系统自检，LCD显示窗口显示相应的产品型号后，仪器进入工作状态。此时显示窗口在默认的工作模式"T"(预热时间不小于30min)。

b. 改变波长　通过旋转波长手轮可以改变波长，并在波长观察窗的刻度选择所需的波长。

c. 放置参比溶液与待测溶液　选择测试用的比色皿，把盛放参比溶液和待测溶液的比色皿放入样品架内，通过拉杆选择样品位置。

d. 调"0%T"、调"100%T/0A"　为保证仪器进入正确的测试状态，在改变波长和测试一段时间后可通过"▼0%"键和"100%/0▲"键对仪器调零和调满度、吸光度为零。

e. 选择显示方式　本仪器有四种显示方式，可通过按"T/A/C/F"键实现转换（开机的初始状态为T）。

(2) TU-1750紫外可见分光光度计

① TU-1750紫外可见分光光度计结构及性能　TU-1750紫外可见分光光度计（图3-4）是一类高光通量、双光束光度计。光源为氘灯和卤素灯，单色器采用切尼尔-特纳装置全息光栅，检测器为光电倍增管。仪器的光学系统如图3-5所示。

它的工作波长范围190～1100nm；波长准确度为±0.1nm（D_2 656.1nm），±0.3nm（全区域）；波长重复性0.1nm；光谱带宽0.5nm，1nm，2nm，4nm，5nm可调；谱带宽五挡可调；分辨率高达0.5nm。

② TU-1750紫外可见分光光度计操作步骤　仪器的操作板面如图3-6所示，使用方法如下：

a. 打开仪器电源，仪器自检。

b. 光度测定（在固定波长下测量样品的吸光度或透过率）　在模式选择画面中选择"1. 光度"进入光度测定模式。在光度测定画面中按键盘的"GOTO WL 波长"键，输入测定波长。打开样品室，将装有同样空白溶剂的两个比色皿放入样品

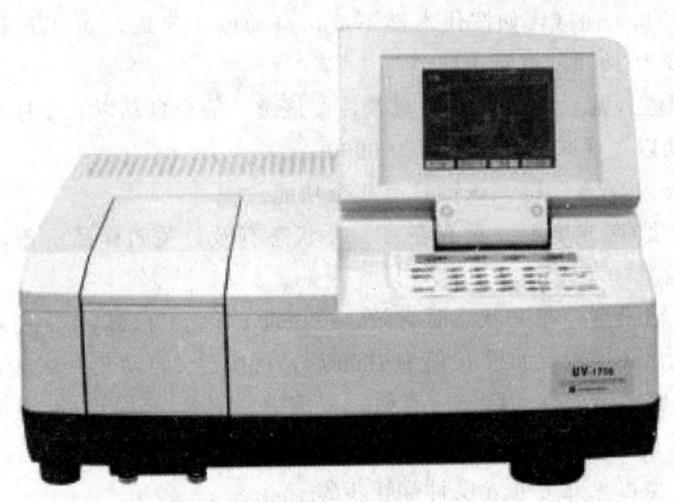

图 3-4 TU-1750 紫外可见分光光度计

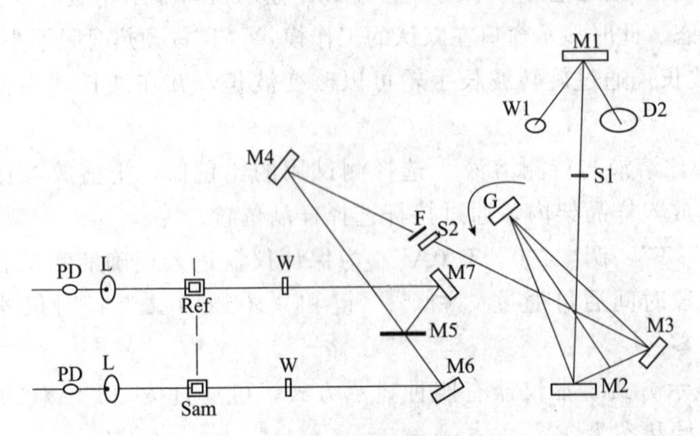

图 3-5 TU-1750 紫外可见分光光度计光学系统

D2—氘灯；W—窗口；W1—卤素灯；M1～M7—反射镜（M5 为半透反射镜）；F—滤光片；L—透镜；G—衍射光栅；Sam—样品池；S1—入射狭缝（5 挡转换）；Ref—参比池；S2—出射狭缝（5 挡转换）；PD—光电二极管

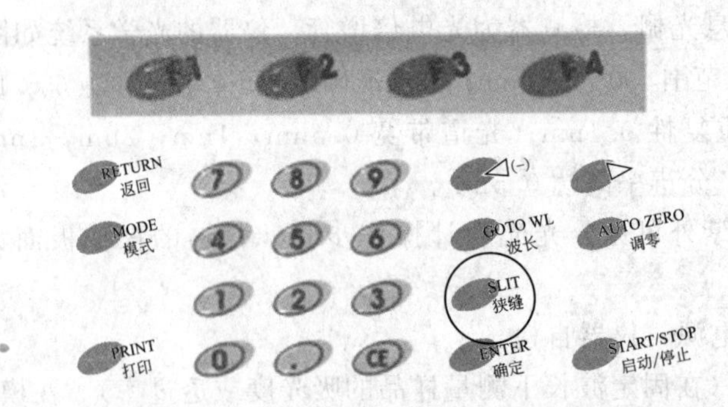

图 3-6 TU-1750 紫外可见分光光度计操作板面

架，然后按“AUTO ZERO”调零。取出样品光路中的比色皿，置换上待测样品液，按“START/STOP 启动/停止”键进行测定，进入光度测定画面。

如果连接打印机，按键盘上的“PRINT 打印”键可打印当前屏幕。

c. 光谱扫描（光谱扫描就是在扫描波长范围以测量随波长变化的样品吸光度、透光率或能量谱图）　在模式选择画面选“2. 光谱”，进入光谱扫描模式参数设定画面。按照图上设置测量方式和波长范围等参数后，在参比侧与样品侧均放入空白样品，按“F1”进行基线校正。按照图中所示将样品光路中的空白样置换为待测样品，按“START/STOP 启动/停止”键开始测定。对测定的光谱数据进行必要的数据处理和保存，如需打印只需按键盘的“PRINT 打印”键即可打印当前屏幕。

d. 定量测定模式（定量测定是以标准样品制作标准曲线而定量测定未知样品）　在模式选择画面选“3. 定量”，进入定量模式参数设定画面。根据需要设定各方法参数，依次按照设定方法测定标准曲线和未知样。测定完毕根据需要选择是否打印和保存数据。

e. 动力学测定模式（测量酶反应过程中吸光度 A 随反应时间的变化，并可以从测定结果得出酶的活性值）　在模式选择画面选“4. 动力学”，显示动力学测量方法选择屏幕。根据需要选择不同的方法进行参数设定和测量。

f. 时间扫描模式［用于任意波长下测量吸光度 A、透光率 T(%) 或能量 E 随时间的变化］　在模式选择画面选“5. 时间扫描”，显示时间扫描测量方法选择屏幕。根据需要选择不同的方法进行参数设定和测量。

g. 多组分定量模式（根据纯标样或多组分标样混合样品的吸收光谱，求出每个样品组分的浓度）　在模式选择画面选“6. 多组分测定”，将显示载入已存取的参数和标准样品数据屏幕。当载入参数或选择重新设定新的参数时，将进入参数配置屏幕。根据需要设定标准样品数据、扫描范围等参数。

按“F4”键进入组分浓度屏幕。放入空白溶液进行基线校正，再放入待测未知样按“START/STOP 启动/停止”键进行未知样测定。测量完毕根据需要进行数据保存和打印。

h. 多波长测量模式（最多可指定 8 个波长，然后在这些波长处测量样品的吸光度和透光率）　在模式选择画面选“7. 多波长测定”，将显示多波长测定参数配置屏幕。根据需要设置各个参数。用空白溶液进行基线校正。将样品光路的空白溶液置换为待测样品，按“F3”切换至测量屏幕。按“START/STOP 启动/停止”键进行样品测量。测量完毕后结果会显示在屏幕上，然后打印输出。

③ 注意事项：

a. 测量完毕记得拿出样品架中的比色皿，并在样品室中放入干燥剂。

b. 仪器如果长期没有测定任务，要每月定期打开仪器电源热机半小时左右防止仪器受潮。

c. D2 灯和 WI 灯的使用寿命均为 800h（在模式选择画面按“F3 仪器维护”

可以查看灯的使用时间），如果使用时间已经超过规定时间或者仪器出现测量结果不稳定、基线噪声和漂移大等现象时必须更换相应的光源。

二、红外光谱法仪器及操作方法

1. 红外光谱法

红外吸收光谱是物质的分子吸收了红外辐射后，引起分子的振动-转动能级的跃迁而形成的光谱。利用红外光谱进行定性、定量分析的方法称为红外吸收光谱法。红外吸收光谱法主要用于研究在振动中伴随有偶极矩变化的化合物，只有偶极矩发生变化的振动才能引起可观测的红外吸收，这种振动称为红外活性振动。偶极矩等于零的分子振动不能产生红外吸收，称为红外非活性振动。

红外辐射波长范围约为0.78～1000μm，根据仪器技术和应用的不同，习惯上又将其分为三个区：

① 近红外区：0.78～2.5μm（13300～4000cm^{-1}）；

② 中红外区：2.5～25μm（4000～400cm^{-1}）；

③ 远红外区：25～1000μm（400～10cm^{-1}）。

应用最广泛的是中红外波段，近年来近红外光谱的分析应用迅速崛起。红外光谱图一般以波长λ(nm）或波数σ(cm^{-1}）为横坐标，以透光率T(%）或吸光度A为纵坐标。波长与波数的换算关系为：

$$\sigma/\text{cm}^{-1}=\frac{10^4}{\lambda/\mu\text{m}}$$

红外吸收带的波长位置与吸收谱带的强度反映了分子结构上的特点，可用于鉴定未知物的结构或确定其所具有的基团，吸收谱带的强度与分子组成或基团的含量有关，可用于定量分析和纯度鉴定。

红外光谱可直接测定气体、液体和固体样品，并且具有用量少、分析速度快、不破坏样品的特点，是鉴定化合物结构最有效的方法之一。

2. FTIR-8400S 傅里叶变换红外光谱仪结构及性能

FTIR-8400S傅里叶变换红外光谱仪（图3-7）主要部件包括光源、迈克尔逊干涉仪、试样插入装置、检测器、计算机和记录仪等部件，结构如图3-8所示。光源发出的光被分束器分为两束，一束经反射到达动镜，另一束经透射到达定镜。两束光分别经定镜和动镜反射再回到分束器。动镜以一恒定速度v_m作直线运动，因而经分束器分束后的两束光形成光程差d，产生干涉。干涉光在分束器会合后通过样品池，然后被检测。

仪器主要性能指标：

① S/N比：20000：1。

② 干涉仪：迈克尔逊型、内置动态准直功能。

③ 检测器：可温度调节的DLTGS检测器。

图 3-7　FTIR-8400S 傅里叶变换红外光谱仪

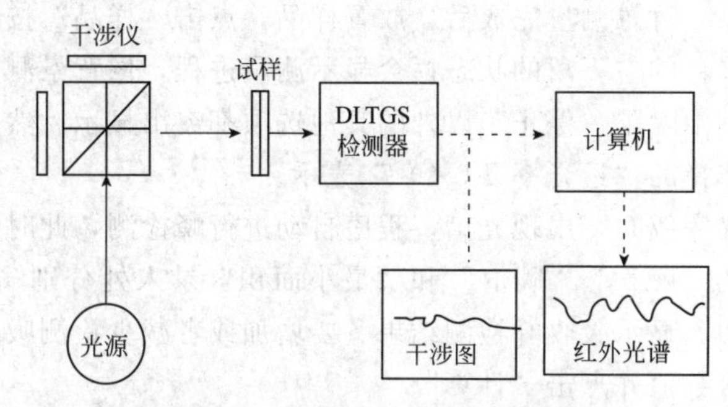

图 3-8　FTIR-8400S 傅里叶变换红外光谱仪结构框图

3. 基本操作步骤

(1) 准备　先打开傅里叶变换红外光谱仪，再打开计算机。当 Windows 运行以后，运行 IRsolution。选择“测量-初始化”命令进行红外仪和计算机之间的联机，成功联机之后，准备进行测量。

(2) 设置扫描参数　可以设置扫描参数的扫描窗口包括“数据”“更多”“文件”和“高级”。

① 数据栏-测量模式　设置测量光谱的显示方式是透射率 T(%) 还是吸光度 A，定性分析时可以选择其中一种显示方式，但是定量测定时选择吸收光谱比较恰当。

② 数据栏-去卷积　去卷积功能可以影响光谱的分辨率和信噪比，分辨率越高，基线的噪声越大。在正常测量中，选择“Happ-Genzel”。在高分辨率的测量中，例如气体测量，选择更高分辨率的“Sqr Tringle”。在超微量分析中需要更好的信噪比，因此选择“Box-Car”。

③ 数据栏-扫描次数（1～400）　设置扫描次数。在正常测量中，一般将扫描次数设为“10”，如果光谱需要较好的信噪比，扫描次数可适当增大。

④ 数据栏-分辨率　打开下拉式菜单，然后设置测量中需要的分辨率。分析低浓度气体时，选择“0.85cm^{-1}”可以准确测量微小的峰。因为固体和液体没有像气体一样的峰，所以测量固体和夜体时“4cm^{-1}”或者“8cm^{-1}”就足够了。如果分辨率高于要求值，测量时间增加，信噪比降低。

⑤ 数据栏-范围　根据测量方法键入需要的波数范围，最小值为 400，最大值为 4000。

(3) 背景测量　岛津傅里叶变换红外光谱仪 FTIR-8400S 采用单光束光学系统，在单光束光学系统中，首先进行背景扫描（BKG）。点击“BKG”按钮，然后给出一个对话框，给出这样的一侧信息：“确认参比扫描的光束是空的”。在样品室中确认没有样品在样品架中，然后点击“OK”，背景测量将会开始。在屏幕的左下角的状态栏会显示测量进程，然后当时间窗口更新时，会显示能量光谱。

在测量过程中，测量文件中除了“停止”以外的其他选项都突出显示。测量完成时，活动状态恢复。

(4) 测量样品　背景测量完成后，放置样品，点击“样品”按钮，样品测量就可以开始了，在屏幕的左下角的状态栏会显示测量进程，像背景测量一样。在测量过程中，测量文件中除了“停止”以外的其他选项都突出显示。然后当时间窗口更新时，光谱会以选择的“透光率 $T(\%)$”表示。

(5) 样品扫描完成时，出现光谱，程序自动进行峰检测，此时，可在峰检测屏幕右侧对话框中的“噪声”“阈值”和“最小面积”录入处分别输入相应的数值，点击“计算”按钮，显示吸收峰检测结果。要增加或者减少检测吸收峰数目，则改变各个参数的输入数值并点击“计算”。

(6) 将图谱打印或者存盘。

4. 注意事项

① 每星期检查干燥剂二次，干燥剂中指示硅胶变色（蓝色变为浅蓝色），需要更换干燥剂，每次六包。

② 保证机房间湿度控制在 50%～70%之间，每周保证开机预热 2h 以上。

③ 仪器尽可能远离振动源、远离腐蚀性气体。

④ 测试期间尽量减少房间空气流动。

三、原子吸收光谱法仪器及操作方法

1. 原子吸收光谱法

原子吸收是指呈气态的原子对由同类原子辐射出的特征谱线所具有的吸收现象。每一种元素的原子不仅可以发射一系列特征谱线，也可以吸收与发射线波长相同的特征谱线。当光源发射的某一特征波长的光通过原子蒸气时，即入射辐射的频率等于原子中的电子由基态跃迁到较高能态（一般情况下指第一激发态）所需要的能量频率时，原子中的外层电子将选择性地吸收其同种元素所发射的特征谱线，产生吸收光谱。特征谱线因吸收而减弱的程度称为吸光度 A，在线性范围内与被测元素的含量成正比：

$$A = kc$$

式中，k 为与实验条件有关的常数；c 为试样浓度。此式是原子吸收光谱法进行定量分析的理论基础。

由于原子能级是量子化的，因此，在所有的情况下，原子对辐射的吸收都是有选择性的。由于各元素的原子结构和外层电子的排布不同，元素从基态跃迁至第一激发态时吸收的能量不同，因而各元素的共振吸收线具有不同的特征。

2. Z-2000 偏振塞曼原子吸收光谱仪结构及性能

Z-2000 偏振塞曼原子吸收光谱仪（图 3-9）主要由光源、原子化系统、双检测器系统、安全检测系统（氩气压力、冷却水流速、炉体温度、燃气/助燃气流速、乙炔气流速稳定性检测）组成。

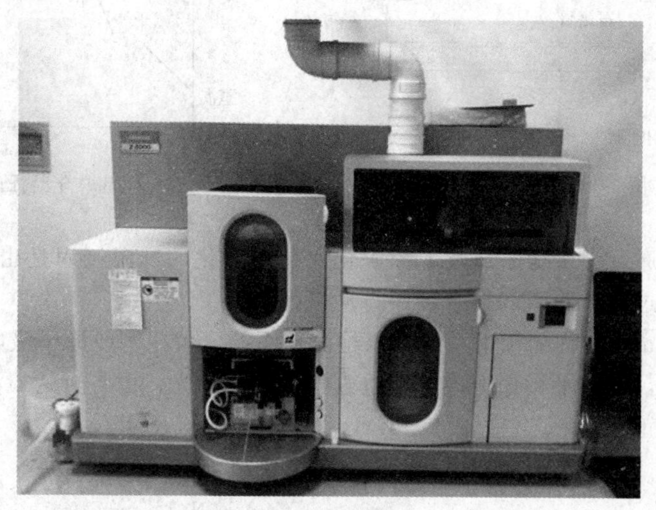

图 3-9　Z-2000 偏振塞曼原子吸收光谱仪

（1）光源　采用空心阴极灯。

（2）原子化系统　由火焰原子化系统与石墨炉原子化系统串联方式组成。

① 火焰原子化系统　火焰原子化系统是由化学火焰热能提供能量，使被测元素原子化。其结构如图 3-10 所示，主要由喷雾器、预混合室、燃烧器三部分组成。试样溶液在火焰原子化系统中经过喷雾、粉碎、干燥、挥发、原子化等一系列物理化学历程。

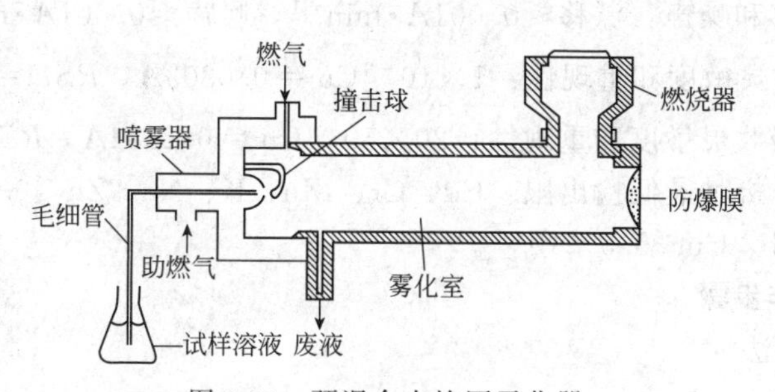

图 3-10　预混合火焰原子化器

② 石墨炉原子化器　石墨炉原子化器是常用的非火焰原子化器，利用电热能提供能量以实现元素的原子化。其结构是由电源、保护气系统、石墨管炉等三部分组成，如图 3-11 所示。石墨炉原子化器的升温程序如图 3-12 所示。

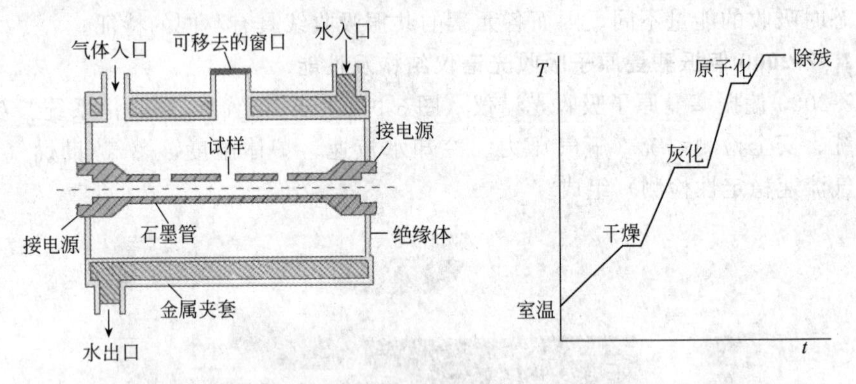

图 3-11　石墨炉原子化器　　图 3-12　石墨炉升温程序示意图

原子化程序分为干燥、灰化、原子化、高温净化，升温过程是由微机控制的，进样后原子化过程按给予的指令程序自动进行。

③ Zeeman 效应背景校正系统和双检测器系统　偏振塞曼原子吸收光谱中，采用了双检测器，使得平行偏振成分和垂直偏振成分的光，由各自的检测器在同一时间进行背景校正。Zeeman 效应背景校正系统如图 3-13 所示。

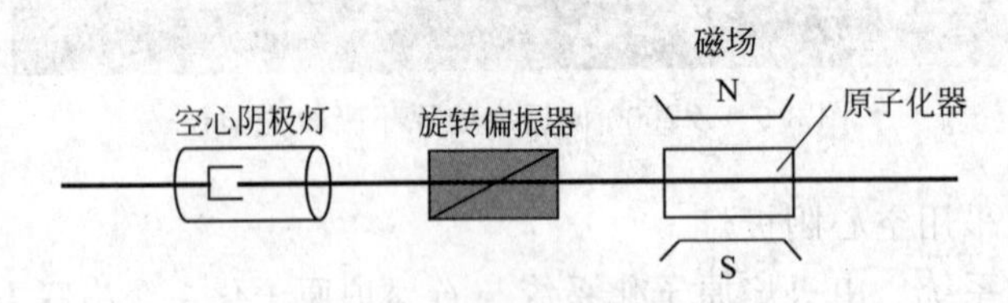

图 3-13　塞曼效应背景校正系统

仪器主要性能指标：

a. 波长范围：190～900nm；

b. 基线漂移和噪声：漂移≤0.001$A\cdot min^{-1}$，噪声≤0.001$A\cdot min^{-1}$；

c. 火焰吸收灵敏度和重现性：1×10^{-6}Cu $\stackrel{\Omega}{=}$ 0.0303A，RSD=0.66%；

d. 石墨炉吸收灵敏度和重现性：20×10^{-9}Cu $\stackrel{\Omega}{=}$ 0.2334A，RSD=1.97；

e. 石墨炉分析时最低检出限：Cd、Cr、Mn、K、Na、Zn≤0.02×10^{-9}；As、Ba、Ni、Sb、Pb、Cu≤0.5×10^{-9}。

3. 基本操作步骤

(1) 石墨炉法

① 开机步骤：

a. 检查仪器，准备空心阴极灯，石墨管。

b. 打开电脑电源，至少 15s 后打开光度计主机和排风机。

c. 启动 AAS 程序，待仪器自检通过后，设定测量条件，执行“Verify”。

d. 执行“Set Conditions”。

e. 供应冷却水，氩气（压力为 0.5MPa），放置样品。

f. 检查进样针位置，清洗进样器，检查进样器管路是否有气泡。

g. 如有必要，执行空烧，以清除上次实验残留物。

h. 点击开始，测试自动开始。

② 关机步骤：

a. 停止冷却水，氩气的供应。

b. 通过软件关灯，退出 AAS 程序。

c. 关闭光度计和 PC 机电源，关闭排风。

③ 更换石墨管步骤：

a. 在菜单“Tools-Instrument logs”中设置石墨管更换时间和已燃烧次数。

b. 调节进样针位置（打开石墨炉上盖，点击“Move Nozzle”，手动调节完成后盖上石墨炉上盖）。

c. 执行空烧（Maximum heating），清除管内杂质，以吸光值小于 0.008 为标准。

d. 记忆光温控制方程（Instrument control——Memorize Opt. Temp. Cont. Equation）。

（2）火焰法

① 开机步骤：

a. 操作与石墨炉法 a～d 步骤相一致。

b. 供应冷却水、乙炔气、空气。乙炔压力为 0.09MPa，空气为 5bar（$1bar=10^5 Pa$）。

c. 点火，吸入纯水 5min，再吸入空白样，执行自动调零。

d. 执行“Ready”，按软件提示测量标准样，未知样。

② 关机步骤：

a. 吸入纯水 5min，不吸样空烧 20～30s，熄火。

b. 停止冷却水、乙炔气、空气的供应。

c. 其余操作同石墨炉法。

③ 注意事项：

a. 空压机待总压力达到 10bar 时，再调节二次压力阀，输出压力为 5bar。空压机使用结束后，需关闭总电源开关，打开排气阀排油水。

b. 按原子化程序分为干燥、灰化、原子化、高温净化来设定每种气体的二次压（表 3-1）。

表 3-1 各类气体二次压力

气体类型	二次(供气)压力
乙炔	0.09MPa(0.9kgf·cm^{-2},13psi)
笑气	0.4MPa(4kgf·cm^{-2},60psi)
氩气	0.5MPa(5kgf·cm^{-2},70psi)
空气	0.5MPa(5kgf·cm^{-2},70psi)

注：1kgf·cm^{-2}=98.0662kPa，1psi=6894.76Pa。

c. 循环水机设定温度为室温±2℃，不可过高或过低。冷却水只在仪器主机处在开机状态下供应。

第二节 色谱分析法仪器及操作方法

一、色谱分析法概述

1. 色谱分析法基本原理

色谱是一种分离技术，把这种分离技术应用到分析领域并与适当的检测手段结合起来，就是色谱分析法。它的基本原理是试样混合物中各组分在色谱分离柱中的两相间不断进行着分配过程。其中的一相固定不动，称为固定相；另一相是携带试样混合物流过此固定相的流体（气体或液体），称为流动相。流动相携带的混合物流经固定相时，其与固定相发生相互作用。由于混合物中各组分在性质和结构上的差异，因此与固定相之间产生的作用力的大小、强弱不同，随着流动相的移动，混合物在两相间经过反复多次的分配平衡，使得各组分被固定相保留的时间不同，从而按一定次序由固定相中流出。与适当的柱后检测方法结合，实现混合物中各组分的分离与检测。由于色谱法的分离效率高于常用分离方法（如重结晶、蒸馏、萃取等），又配有非常灵敏的检测手段，已成为生产、科研等各部门不可缺少的分离分析手段。

2. 色谱流出曲线及术语

（1）流出曲线　试样中各组分经色谱柱分离后，流出物通过检测系统时所产生的响应信号随时间或载气流出体积的变化曲线称为流出曲线，如图 3-14 所示。色谱流出曲线可提供很多重要的定性和定量信息，如：

① 根据色谱峰的个数，可判断样品所含的最少组分数。

② 根据色谱峰的保留值，可以进行定性分析。

③ 根据色谱峰的面积或峰高，可以进行定量分析。

④ 色谱峰的保留值及其区域宽度是评价色谱柱分离效能的依据。

⑤ 色谱峰两峰间的距离，是评价固定相（或流动相）选择是否合适的依据。

（2）基线　无试样通过检测器时，检测到的信号即为基线。

（3）保留值

① 时间表示的保留值：

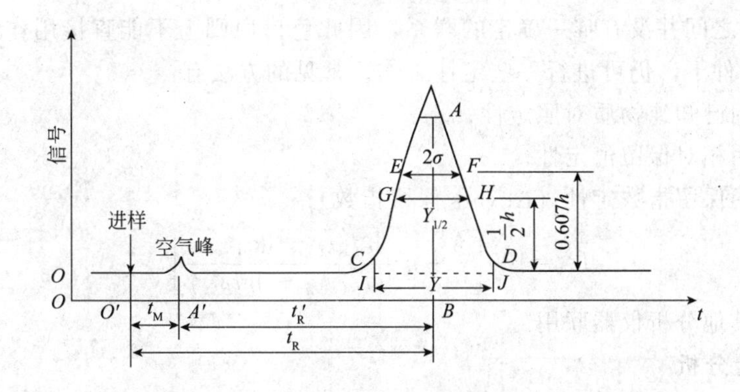

图 3-14　色谱流出曲线

a. 保留时间（t_R）　组分从进样到柱后出现浓度极大值时所需的时间。

b. 死时间（t_M）　不与固定相作用的气体（如空气）的保留时间。

c. 调整保留时间（t_R'）　扣除死时间后的保留时间。

$$t_R' = t_R - t_M$$

② 用体积表示的保留值：

a. 保留体积（V_R）：

$$V_R = t_R F_c$$

式中，F_c 为流动相平均体积流量，$mL \cdot min^{-1}$。

b. 死体积（V_M）：

$$V_M = t_M F_c$$

c. 调整保留体积（V_R'）　扣除死体积后的保留体积。

$$V_R' = V_R - V_M$$

（4）区域宽度　用来衡量色谱峰宽度的参数，有三种表示方法：

① 标准偏差（σ）　即 0.607 倍峰高处色谱峰宽度的一半。

② 半峰宽（$Y_{1/2}$）　色谱峰高一半处的宽度 $Y_{1/2} = 2.354\sigma$。

③ 峰底宽（W_b）　$W_b = 4\sigma$。

（5）分离度 R　分离度 R 是一个综合性指标。它是既能反映柱效率又能反映选择性的指标，定义为相邻两组分色谱峰保留值之差与两组分色谱峰底宽总和之半的比值，即

$$R = \frac{2[t_{R(2)} - t_{R(1)}]}{Y_1 + Y_2}$$

一般说，当 $R<1$ 时，两峰有部分重叠；当 $R=1$ 时，分离程度可达 98%；当 $R=1.5$ 时，分离程度可达 99.7%。

3. 定性分析

色谱定性方法采用的保留时间、峰面积等指标受色谱操作条件的影响很大，与

组分的结构之间并没有唯一确定的联系，因此色谱原则上不能直接用作定性分析。但在特定条件下，仍可进行一些定性工作。常见的方法有：

① 利用已知纯物质对照定性；

② 利用相对保留值定性；

③ 利用保留指数定性（Kovats 保留指数）；

$$I_x = 100\left[z + n\frac{\lg t'_{R(x)} - \lg t'_{R(z)}}{\lg t'_{R(z+n)} - \lg t'_{R(z)}}\right]$$

④ 与其他分析仪器联用。

4. 定量分析

色谱法定量的依据是当操作条件一定时，某组分的质量或浓度与检测器的响应信号（峰面积或峰高）成正比，即：

$$m_i = f_i A_i$$

式中，m_i 为 i 组分的质量；f_i 为 i 组分的绝对校正因子，在一定条件下 f_i 为一常数；A_i 为 i 组分的峰面积。

可见，在进行色谱定量分析时需要解决三个问题：准确测量待测组分的峰面积（或峰高）；求出待测组分的校正因子；选择适当的定量方法。

(1) 色谱峰面积的测量　色谱工作站可直接提供色谱峰高、峰面积等信息。

(2) 定量校正因子

① 绝对校正因子　单位峰面积（或峰高）所代表的物质的质量称为绝对质量校正因子。

$$f_i = \frac{A_i}{m_i}$$

f_i 值与检测器性能、组分和流动相性质及操作条件等因素有关。

② 相对校正因子　某待测组分的相对校正因子为其绝对校正因子与标准物质的绝对校正因子之比。

$$f'_i = \frac{f_i}{f_s} = \frac{m_i A_s}{m_s A_i}$$

式中，下标 i，s 分别代表待测组分和标准物质。

将已知量的某待测物与已知量的标准物质混合均匀后，取适当体积进样，可由两者的峰面积得到相对校正因子。相对校正因子与检测器类型、组分和标准物质性质有关，与操作条件无关。

(3) 定量方法　色谱常用的定量方法有标准曲线法、归一化法和内标法。

① 标准曲线法　将待测组分的纯物质配制成不同浓度的标准溶液，然后取固定量的上述溶液进行色谱分析，以峰高或峰面积对浓度作图，应是一条通过原点的直线。分析样品时，在上述完全相同的色谱条件下，取与制作标准曲线时同样量的试样进行分析，测得该试样的响应信号后，由标准曲线查出试样的含量。

此法的优点是操作简单，因而适用于工厂控制分析和自动分析。但结果的准确度取决于进样量的重现性和操作条件的稳定性。

② 归一化法　该法是把试样中所有组分的含量按100%计算，以它们相应的色谱峰面积或峰高为定量参数，通过下列公式计算各组分含量。

$$w_i=\frac{m_i}{m}\times 100\%=\frac{f_iA_i}{f_1A_1+f_2A_2+\cdots+f_nA_n}\times 100\%$$

当各组分的 f 相近时，计算公式可简化为：

$$w_i=\frac{m_i}{m}\times 100\%=\frac{A_i}{A_1+A_2+\cdots+A_n}\times 100\%$$

由上述计算公式可见，使用这种方法的条件是经过色谱分离后，样品中所有组分都要能产生可测的色谱峰。

该法的主要优点是：简便、准确；操作条件（如进样量、流速等）变化时，对分析结果影响较小。这种方法常用于常量分析，尤其适用于进样量很少而其体积不易准确测量的液体样品。

③ 内标法　当只需要测定试样中某几个组分，或试样中所有组分不可能全部出峰时，可采用内标法。具体做法是选取一种与样品性质相近的物质作为内标物，加入到已知待测物质量的样品中，然后进行色谱分析。测量待测物和内标物在色谱图上的峰面积（或峰高），被测组分的质量分数可按以下公式计算：

$$m_i=\frac{f_iA_im_s}{f_sA_s}=f'_i\frac{A_im_s}{A_s}$$

故　$$w=\frac{m_i}{m}\times 100\%=\frac{m_i}{m_s}\times\frac{m_s}{m}\times 100\%=\frac{f'_iA_im_s}{f'_sA_sm}\times 100\%$$

在测定相对校正因子时，常以内标物本身作为标准物质，则 $f'_s=1$。式中，m_i 为被测物质的质量；m_s为内标物的质量；m 为试样的质量；A_s为内标物在色谱图上相应的峰面积；A_i 为待测物在色谱图上相应的峰面积；f'_i为相对校正因子。

由以上计算公式可见，内标法是通过测量内标物及待测组分的峰面积的相对值来进行计算的，因而可以在一定程度上消除操作条件等的变化所引起的误差。

内标法对内标物的要求是：

a. 内标物必须是待测试样中不存在的，且是纯度很高的标准物质或含量已知的物质。

b. 内标物与欲测组分的保留时间应比较接近且能完全分离（分离度 $R>1.5$）。

c. 内标物与欲测组分有比较接近的理化性质（如分子结构、极性、挥发性及在溶剂中的溶解度等）。

d. 加入量应与欲测组分含量接近，两者峰面积基本相当。

二、气相色谱法仪器及操作方法

1. 气相色谱法

用气体作为流动相的色谱法称为气相色谱法。根据所用固定相的不同，气相色谱法可分为两类：固定相是固体的，称为气固色谱法；固定相是液体的则称为气液色谱法。只要在色谱温度适用范围内，具有20～1300Pa蒸气压，或沸点在500℃以下和分子量在400以下的化学稳定物质，原则上均可采用气相色谱法进行分析。

图3-15 GC-2014气相色谱仪

2. GC-2014气相色谱仪结构及性能

GC-2014气相色谱仪（图3-15）主要由载气系统、进样系统、色谱柱、检测器和数据处理系统组成，其结构如图3-16所示。仪器具有灵活的气路控制方式，不仅可以手动调节，而且配备高精度电子流量控制单元，可同时安装4个进样口、4个检测器，各单元可独立精确控温。

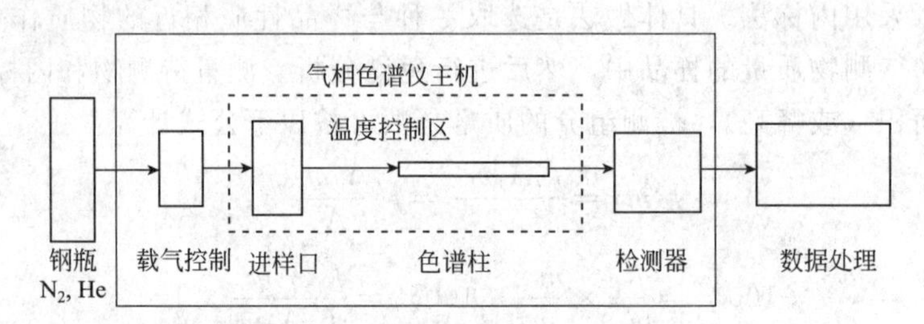

图3-16 GC-2014气相色谱仪的基本结构

主要性能指标：

① 柱温箱温度范围 室温＋10～420℃（使用液态二氧化碳时，－50～420℃）；程序段数为20段（可用降温程序）。

② 进样口 温度约为420℃；进样单元种类有双填充柱、单填充柱、分流/不分流。

③ 检测器单元 FID、TCD、FTD的温度约为420℃；ECD、FPD的温度约为400℃；检测器单元种类有FID、TCD、ECD、FPD，毛细管柱用/填充柱用FTD。

3. 操作步骤

① 根据要求配制样品。

② 选择合适的柱子，并安装到SPL进样口及FID检测器上。

③ 打开氮气气源开关，二次压力达到0.7MPa。

④ 打开主机电源开关，在主机自检完成后，打开电脑上实时分析工作站。

⑤ 点击“视图”，选择“仪器监视器”。在流路1监视器窗口中确认：载气及吹扫流量为“打开（on）”状态；FID检测器及点火为“关闭（off）”状态；附

加流量控制为“打开（on）”状态；点击“仪器参数”图标，将柱温箱温度设置为30℃，进样口温度设置为40℃，检测器温度设置在150℃以上，然后点击“下载”。

⑥ 待检测器温度上升到150℃以上，打开氢气发生器和空气泵，调节氢气压力表为55kPa，空气压力表为45kPa。然后将工作站中的检测器和点火设置为“打开”状态，等待点火成功。

⑦ 根据样品要求设置进样口，柱温箱温度，实施样品分析检测。

⑧ 当检测结束时，设置进样口温度为40℃，柱温箱30℃，检测器为40℃。点击“下载”，当柱温箱温度降到30℃时，关闭点火和检测器，同时关闭空气和氢气。等检测器温度降到100℃以下，关闭工作站。关闭主机电源。

⑨ 关闭氮气总阀，关掉总电源。

4. 注意事项

① 防止明火，注意安全。

② 分析室周围要远离强磁场以及易燃和强腐蚀性气体。

③ 室内环境应在5～35℃范围内，相对湿度≤85%，且室内保持空气畅通，最好安装空调。

④ 载气、空气及氢气需要安装气体净化装置，保证气体纯度。

⑤ 实验时注意观察气泵压力表，以免漏气，及时发现。

三、液相色谱法仪器及操作方法

1. 液相色谱法

用液体作流动相的色谱法称为液相色谱法。现代液相色谱法是在经典液体柱色谱法的基础上，引入了气相色谱法的理论，如保留值、塔板理论、速率理论、容量因子和分离度等。在技术上采用了高压泵、高效固定相和高灵敏度检测器，所以又称为高效液相色谱法。气相色谱法虽具有分离能力好、灵敏度高、分析速度快、操作方便等优点，但是受技术条件的限制，沸点太高的物质或热稳定性差的物质都难于应用气相色谱法进行分析。而高效液相色谱法，只要求试样能制成溶液，而不需要气化，因此不受试样挥发性的限制。对于高沸点、热稳定性差、分子量大（>400）的有机物（这些物质几乎占有机物总数的75%～80%）原则上都可应用高效液相色谱法来进行分离、分析。液相色谱法根据固定相的性质可分为吸附色谱法、键合相色谱法、离子交换色谱法和尺寸排阻色谱法等。

2. EasySep™-1010 液相色谱仪结构及性能

EasySep™-1010 高效液相色谱仪（图3-17）基本结构如图3-18所示，主要包括贮液器、高压泵、梯度洗提装置（用双泵）、进样器、色谱柱、检测器、恒温器、记录仪等主要部件。仪器为模块化设计，组合灵活，容易从简单的单泵、单检测器升级到二元高压梯度及四元梯度系统。

图 3-17 EasySep™-1010 液相色谱仪外形

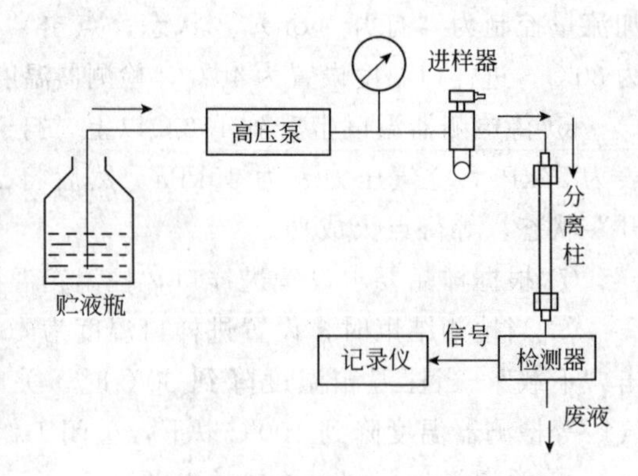

图 3-18 EasySep™-1010 液相色谱仪结构

主要性能指标：

(1) 串联式双柱塞往复泵 流量范围为 0.001～9.999mL·min^{-1}，以 0.001mL·min^{-1}步长调节流量；最高工作压力为 42MPa（0.001～9.999mL·min^{-1}）。

(2) 紫外/可见检测器 波长范围为 190～600nm；光谱带宽为 8nm；波长精度为±1nm；波长重复性误差为±0.2nm。

3. 操作步骤

(1) 准备 流动相所使用的蒸馏水为高纯水，其电阻率是 18.2MΩ·cm。所配制的流动相如果含盐，需经过 0.45μm 的溶剂过滤膜抽滤。流动相应用超声波脱气处理 10min。样品建议用流动相配制，并经 0.45μm 针筒式过滤器过滤。

过滤膜分水性和油性两种，根据流动相的性质选取不同的过滤膜。

(2) 开机

① 打开计算机电源开关。

② 打开液相色谱仪的泵和检测器的电源开关，紫外/可见检测器将进行自检。

③ 打开液相色谱工作站对系统参数进行设置，包括流速、测定波长及压力（最大、最小压力）等。

④ 开始运行色谱泵。待检测基线稳定并进行调零后，便可以进行样品测试及数据分析处理。

(3) 关机 关闭检测器，用流动相冲洗柱子，关闭泵电源、色谱工作站及计算机。如果暂时几天不进行连续测试的话，要用适当的色谱纯的溶剂冲洗柱子并封端，放入冰箱保存。

(4) 注意事项

① 流动相必须用 HPLC 级的试剂，使用前过滤除去其中的颗粒性杂质和其他物质（使用 0.45μm 或更细的膜过滤）。

② 流动相过滤后要用超声波脱气，脱气后应该恢复到室温后使用。

③ 不能用纯乙腈作为流动相，这样会使单向阀粘住而导致泵不进液。

④ 使用缓冲溶液时，做完样品后应立即用去离子水冲洗管路及柱子（1h），然后用甲醇（或甲醇水溶液）冲洗 40min 以上，以充分洗去离子。对于柱塞杆外部，做完样品后也必须用去离子水冲洗 20min 以上。

⑤ 长时间不用仪器，应该将柱子取下用堵头封好保存，注意不能用纯水保存柱子，而应该用有机相（如甲醇等），因为纯水易长霉。

⑥ 每次做完样品后应该用溶解样品的溶剂清洗进样器。

⑦ C_{18} 柱绝对不能进蛋白样品、血样、生物样品。

⑧ 堵塞导致压力太大，按预柱→混合器中的过滤器→管路过滤器→单向阀检查并清洗。清洗方法：a. 以异丙醇作溶剂冲洗；b. 放在异丙醇中用超声波清洗；c. 用 10％稀硝酸清洗。

⑨ 气泡会致使压力不稳，重现性差，所以在使用过程中要尽量避免产生气泡。

⑩ 如果进液管内不进液体时，要使用注射器吸液，通常在输液前要进行流动相的清洗。

⑪ 要注意柱子的 pH 值范围，不得注射含强酸、强碱的样品，特别是碱性样品。

⑫ 更换流动相时应该先将吸滤头部分放入烧杯中边振动边清洗，然后插入新的流动相中。更换无互溶性的流动相时要用异丙醇过渡一下。

第三节　电化学分析法仪器及操作方法

一、电位分析法仪器及操作方法

1. 电位分析法

电位分析法是通过在零电流条件下，测定两电极间的电位差（即所构成的原电池的电动势）进行分析测定。它包括直接电位法和电位滴定法。直接电位法是通过测量电池电动势，进而求得溶液中待测组分含量的方法。电位滴定法是通过测量滴定过程中电池电动势的变化来确定滴定终点的滴定分析法，可用于酸碱、氧化还原等各类滴定反应终点的确定。此外，电位滴定法还可用来测定电对的条件电极电位，酸碱的离解常数，配合物的稳定常数等。

2. 常用电极简介

（1）pH 玻璃电极　pH 玻璃电极是指对氢离子活度有选择性响应的膜电极，是常用的氢离子指示电极，结构如图 3-19 所示。其主要部分是一个玻璃泡，泡内装有 pH 一定的 $0.1mol \cdot L^{-1}$ 盐酸内参比溶液，其中插入一支 Ag-AgCl 电极作为内参比电极，这样就构成了玻璃电极。玻璃电极使用前必须在蒸馏水或 pH＝4 的缓冲溶液中浸泡。通常使用 pH＝4 的缓冲液更好一些，浸泡 8～24h 或更久，浸泡的目的是使玻璃表面形成水化凝胶层。使用时将它和另一参比电极放入待测溶液中组成原电池，电池电势与溶液 pH 值直接相关。由于存在不对称电势、液接电势等因素，还不能由此电池电势直接求得 pH 值，而采用标准缓冲溶液来标定，根据 pH 的定义式计算得到。

（2）pH 复合电极　将 pH 指示电极和参比电极组合在一起的电极就称 pH 复合电极。复合电极的最大优势就是两个电极合二为一，使用方便。其组成结构主要有内参比电极、内参比溶液、电极球泡、玻璃支杆、外参比电极、外参比溶液、液接界、外壳、电极帽、电极导线、插口等，如图 3-20 所示。

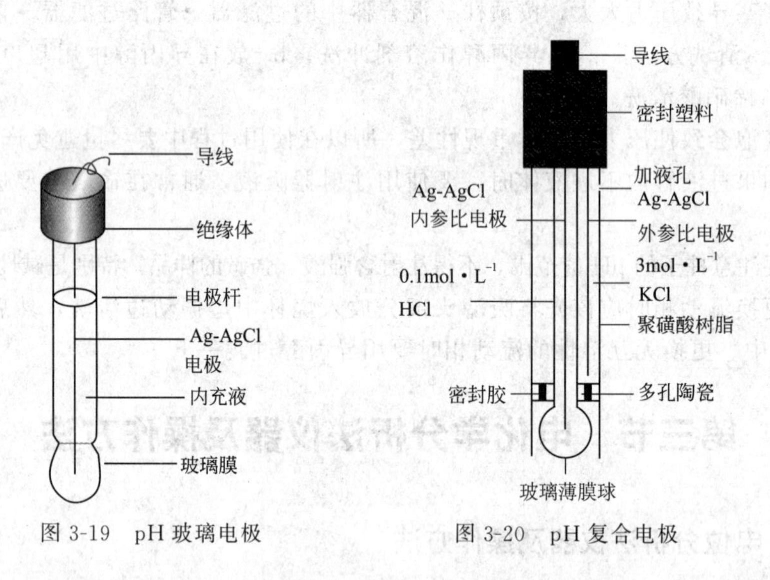

图 3-19　pH 玻璃电极　　图 3-20　pH 复合电极

（3）氟离子选择性电极　氟离子选择性电极是目前最成熟的离子选择性电极之一，属于晶体膜电极。它是将氟化镧单晶封在塑料管的一端，管内装 $0.1mol \cdot L^{-1}$ NaF 和 $0.1mol \cdot L^{-1}$ NaCl 溶液，以 Ag-AgCl 电极为内参比电极构成。

氟离子选择性电极如图 3-21 所示。用氟离子选择性电极测定试样时，以氟离子选择性电极作指示电极，以饱和甘汞电极作参比电极，组成的测量电池为：

氟离子选择性电极 | 试液 ‖ SCE

电池的电动势为：

$$E = K - \frac{RT}{zF}\ln\alpha_{F^-}$$

即原电池的电动势与试液中氟离子活度的负对数成正比，氟离子选择性电极一般在 $1 \sim 10^{-6} moL \cdot L^{-1}$ 范围符合能斯特方式。

（4）甘汞电极　甘汞电极是由金属汞和 Hg_2Cl_2 及 KCl 溶液组成的电极，如图 3-22 所示。在电位分析法中，组成原电池的两个电极中电势随被测离子浓度变化而变化的电极称为指示电极，而不受离子浓度影响、具有恒定电位的电极，称为参比电极。甘汞电极即为常用的参比电极，它的电极电势随氯离子的浓度不同而不同，氯化钾溶液浓度为0.1mol·L^{-1}的甘汞电极的电动势温度系数小，但饱和氯化钾的甘汞电极容易制备，而且使用时可以起盐桥的作用，所以应用较多。饱和甘汞电极（SCE）的电势值为＋0.2415V。

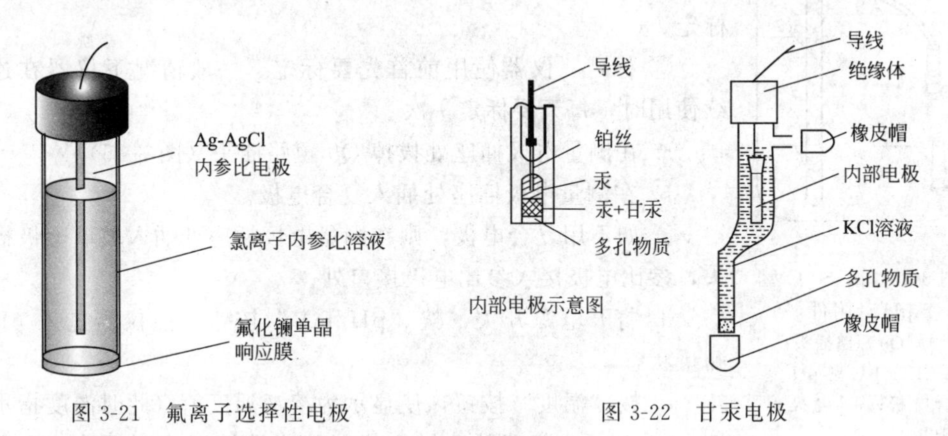

图 3-21　氟离子选择性电极　　　　图 3-22　甘汞电极

3. pHS-3C 型精密 pH 计

（1）结构及性能　pHS-3C 型精密 pH 计是一台数字显示酸度计，其结构如图 3-23 和图 3-24 所示。

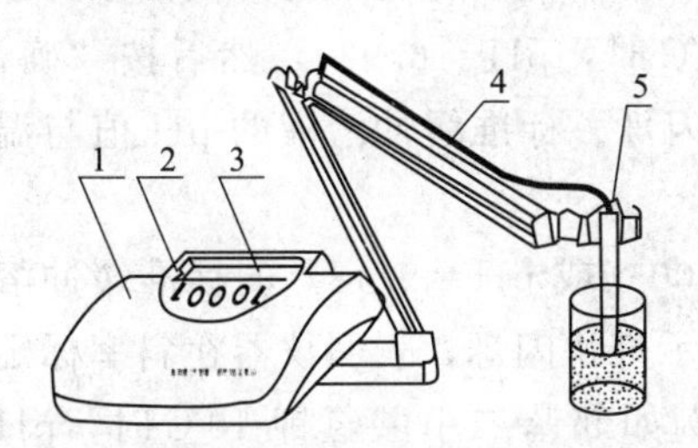

图 3-23　pHS-3C 型精密 pH 计正面

1—机箱；2—键盘；3—显示屏；4—多功能电极架；5—电极

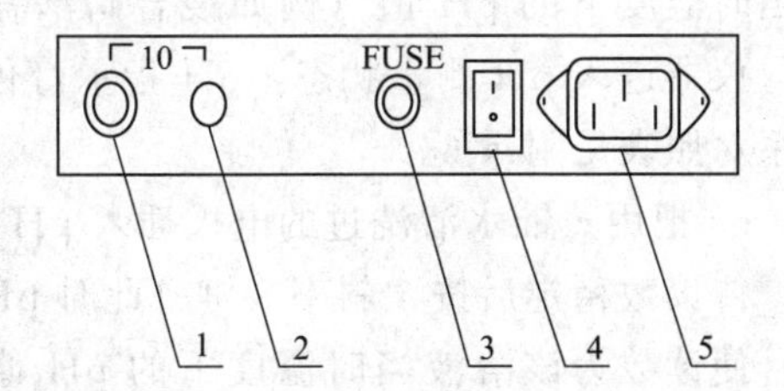

图 3-24　pHS-3C 型精密 pH 计背面

1—测量电极插座；2—参比电极接口；3—保险丝；4—电源开关；5—电源插座

仪器主要性能指标　测量范围：pH＝0～14.00，(0～±800)mV（自动极性显示）；分辨率：pH＝0.01，1mV；基本误差：±0.01pH，±1mV，稳定性：±0.01pH/3h，±1mV/3h；被测溶液温度范围：5～60℃。

（2）操作步骤

① 开机前准备：

a. 将多功能电极架插入多功能电极架插座中。

b. 将 pH 复合电极安装在电极架上。

c. 将 pH 复合电极下端的电极保护套拔下，并且拉下电极上端的橡皮套使其露出上端小孔。

d. 用蒸馏水清洗电极。

② 开机：

a. 电源线插入电源插座。

b. 按下电源开关，电源接通后预热 30min，接着进行标定。

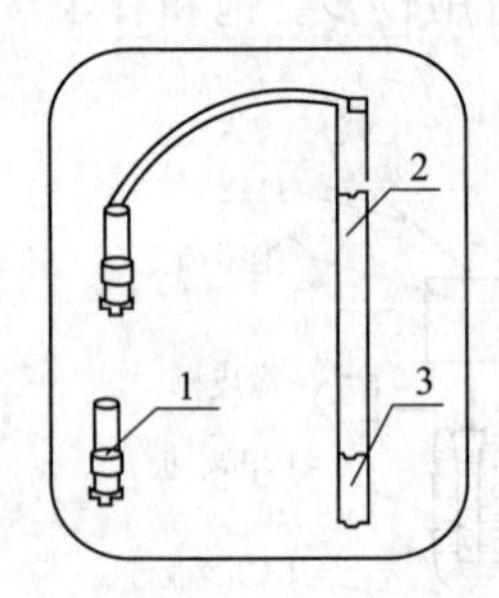

图 3-25 pHS-3C 型 pH 计附件
1—Q9 短路插头；2—E-201-C 型 pH 复合电极；3—电极保护套

③ 标定 仪器使用前首先要标定。一般情况下仪器在连续使用时，每天要标定一次。

a. 在测量电极插座处拔掉 Q9 短路插头（图 3-25）。

b. 在测量电极插座处插入复合电极。

c. 如不用复合电极，则在测量电极插座处插入玻璃电极插头，参比电极接入参比电极接口处。

d. 打开电源开关，按“pH/mV”按钮，使仪器进入 pH 测量状态。

e. 按“温度”按钮，使显示为溶液温度值（此时温度指示灯亮），然后按“确认”键，仪器确定溶液温度后回到 pH 测量状态。

f. 把用蒸馏水清洗过的电极插入 pH＝6.86 的标准缓冲溶液中，待读数稳定后按“定位”键（此时 pH 指示灯慢闪烁，表明仪器在定位标定状态）使读数为该溶液当时温度下的 pH 值（例如混合磷酸盐 10℃时，pH＝6.92），然后按“确认”键，仪器进入 pH 测量状态，pH 指示灯停止闪烁。标准缓冲溶液的 pH 值与温度关系对照表见附录 6。

g. 把用蒸馏水清洗过的电极插入 pH＝4.00（或 pH＝9.18）的标准缓冲溶液中，待读数稳定后按“斜率”键（此时 pH 指示灯快闪烁，表明仪器在斜率标定状态）使读数为该溶液当时温度下的 pH 值（例如邻苯二甲酸氢钾 10℃时，pH＝4.00），然后按“确认”键，仪器进入 pH 测量状态，pH 指示灯停止闪烁，标定完成。

h. 用蒸馏水清洗电极后即可对被测溶液进行测量。标定的缓冲溶液一般第一次用 pH＝6.86 的溶液，第二次用接近被测溶液 pH 值的缓冲液，如被测溶液为酸性时，应选 pH＝4.00 的缓冲溶液；如被测溶液为碱性时则选 pH＝9.18 的缓冲溶液。一般情况下，在 24h 内仪器不需再标定。

④ 测量 pH 值 经标定过的仪器，即可用来测量被测溶液，被测溶液与标定溶液温度是否相同，这与采用的测量步骤密切相关，具体操作步骤如下：

被测溶液与定位溶液温度相同时，测量步骤如下：

a. 用蒸馏水清洗电极头部，再用被测溶液清洗一次；

b. 把电极浸入被测溶液中，用玻璃棒搅拌溶液，使溶液均匀，在显示屏上读出溶液的 pH 值。

被测溶液和定位溶液温度不同时，测量步骤如下：

a. 用蒸馏水清洗电极头部，再用被测溶液清洗一次；

b. 用温度计测出被测溶液的温度值；

c. 按“温度”键，使仪器显示为被测溶液温度值，然后按“确认”键；

d. 把电极插入被测溶液内，用玻璃棒搅拌溶液，使溶液均匀后读出该溶液的pH值。

⑤ 测量电极电位（mV值）：

a. 把离子选择性电极（或金属电极）和参比电极夹在电极架上；

b. 用蒸馏水清洗电极头部，再用被测溶液清洗一次；

c. 把离子电极的插头插入测量电极插座处；

d. 把参比电极接入仪器后部的参比电极接口处；

e. 把两种电极插在被测溶液内，将溶液搅拌均匀后，即可在显示屏上读出该离子选择性电极的电极电位（mV值），还可自动显示正负极性；

f. 如果被测信号超出仪器的测量范围，或测量端开路时，显示屏将不亮，作超载报警；

g. 使用金属电极测量电极电势时，用带夹子的Q9插头。Q9插头接入测量电极插座处，夹子与金属电极导线相接，或用电极转换器，电极转换器的一头接测量电极插座处，金属电极与转换器相连接，参比电极接入参比电极接口处。

二、库仑分析法仪器及操作方法

1. 库仑分析法

库仑分析法是建立在电解过程基础上的电化学分析法。电解过程中，在电极上发生反应的物质的量与通过电解池的电量成正比，即法拉第定律：

$$m=\frac{MQ}{Fn}=\frac{M}{n}\times\frac{it}{F}$$

式中，m为电解时，于电极上析出物质的质量，g；Q为通过电解池的电量，C；M为电极上析出物的摩尔质量，$g\cdot mol^{-1}$；n为电极反应中的电子转移数；F为Farady常数，$F=96497C$；i为流过电解池的电流，A；t为通过电流的时间，即电解时间，s。法拉第电解定律是自然科学中最严格的定律之一，不受温度、压力、电解质浓度、电解材料和形状、溶剂性质等因素的影响。

库仑分析法分为控制电位库仑分析法与控制电流库仑分析法两种，后者简称为库仑滴定法。库仑分析法要求工作电极上没有其他电极反应发生，电流效率必须达到100%。

2. 控制电流库仑分析法（库仑滴定法）

在恒电流的条件下电解，由电极反应产生的电生滴定剂与欲测物质发生化学反应，用化学指示剂或电化学方法确定滴定的终点，由恒电流的大小和到达终点需要的时间算出消耗的电量，由此求得欲测物质的含量。这与滴定分析中用标准溶液滴定待测物质的方法相似，因此也称为库仑滴定法，其滴定装置如图 3-26 所示。

库仑滴定法能用于常量及微量组分的分析，相对误差约为 0.5%，若采作精密库仑滴定法，由计算机程序确定滴定终点，相对误差可达 0.01%以下，能用作标准方法。凡是能与电解时产生的电生滴定剂迅速反应的物质，如果它本身及其反应产物不在工作电极发生反应，均可用此法进行测定。

3. KLT-1 型通用库仑仪性能及操作方法

KLT-1 型通用库仑仪（图 3-27）具有电流法、电位法、等终点上升和等终点下降四种指示电极终点检测方式，根据不同的要求，选用电极和电解液，可完成不同的实验，如酸碱滴定、氧化还原滴定、沉淀滴定、配位滴定等。

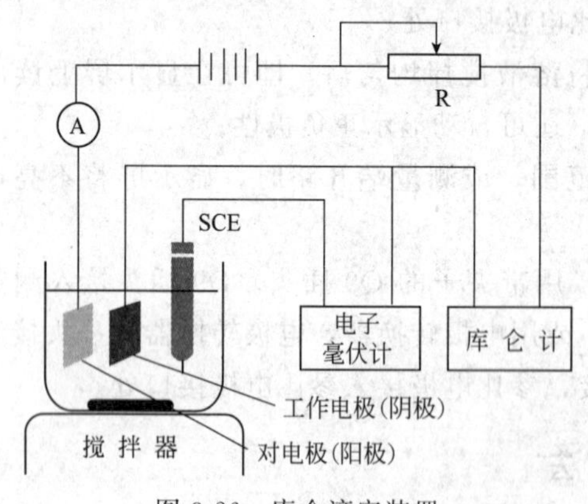

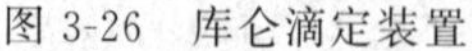

图 3-26 库仑滴定装置

图 3-27 KLT-1 型通用库仑仪

（1）主要性能指标

① 仪器在开机通电 10min 后，可在下列环境下连续使用：环境温度为 0～40℃；相对湿度≤80%。

② 电源 AC 220V±22V，50Hz±0.5Hz，无显著振动和强电磁场干扰。

③ 最大电解电流 50mA、10mA、5mA 三挡连续可调，50mA 挡电量读数×5mQ，其他两挡×1mQ。

④ 主机积分精度 误差小于 0.5%±1 个字。

⑤ 分析误差及最小检出量 2mL 进样，分析浓度大于 10×10^{-6} mol·L^{-1} 的标准溶液时，变异系数小于 3%，回收率大于 95%。

⑥ 指示电极终点检测方式 指示电极电流法、电位法、等当点上升和等当点下降四种方式，根据电极和电解液任意组合。

（2）操作步骤 KLT-1 型通用库仑仪的操作板面如图 3-28、图 3-29 所示，使用方法如下。

① 开启电源前仪器面板的所有键全部释放，“工作/停止”开关置于“停止”位置；电解电流量程选择，可根据样品含量大小、样品多少及分析精度选择合适的

挡，一般情况选 10mA 挡，电流微调放在最大位置。

② 开启电源开关，预热 10min，根据样品分析需要和采用的滴定剂，选用指示电极电位法或指示电极电流法，把指示电极插头和电解电极插头插入机后相应孔内，并夹在相应的电极上。

③ 把配好电解液的电解池放在搅拌器上，开启搅拌器，选择适当转速。

④ 根据选用的指示电极终点的检测方式接好电极线，调好极化电位或补偿电位等参数后进行测量。将“工作/停止”开关置于“工作”位置，按下“启动”键，再按一下“电解”按钮。这时即开始电解，在显示屏上显示出不断增加的电量（毫库仑数），直至指示红灯亮，记数自动停止，表示滴定到达终点。此时显示在显示器中的数值，即为滴定终点时消耗的电量（毫库仑数），记录数据。

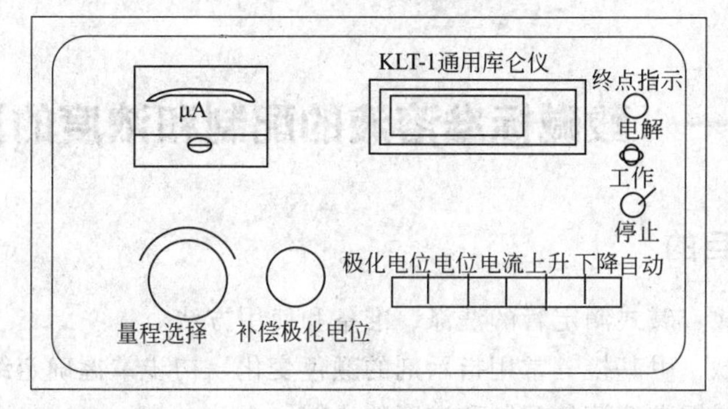

图 3-28　KLT-1 型通用库仑仪正面

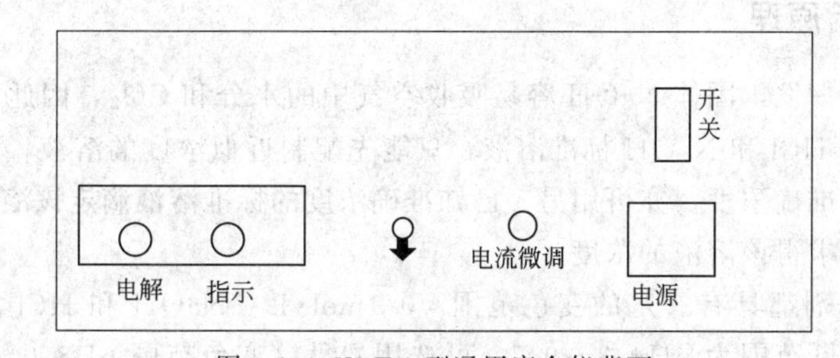

图 3-29　KLT-1 型通用库仑仪背面

（3）注意事项

① 仪器不宜时开时关，使用过程中不要把电极连接线弄湿。

② 为了保护仪器，在断开电极连线或电极离开溶液时，要预先弹出“启动”键。

第四章 酸碱滴定实验

实验一 酸碱标准溶液的配制和浓度的比较

一、实验目的

1. 掌握酸式、碱式滴定管的洗涤、准备和使用方法。
2. 熟悉酚酞、甲基橙等常用指示剂的颜色变化，初步掌握确定终点的方法。
3. 练习酸碱标准溶液的配制和浓度的比较。

二、实验原理

浓盐酸易挥发，固体 NaOH 容易吸收空气中的水分和 CO_2，因此不能直接配制准确浓度的 HCl 和 NaOH 标准溶液，只能先配制近似浓度的溶液，然后再用基准物质标定其准确浓度。亦可用另一已知准确浓度的标准溶液滴定该溶液，再根据它们的体积比求得该溶液的浓度。

酸碱指示剂都具有一定的变色范围。$0.1mol \cdot L^{-1}$ NaOH 和 HCl 溶液的滴定中，滴定的突跃范围为 pH4.3～9.7，可选用酚酞（变色范围 pH8.0～9.6）和甲基橙（变色范围为 pH3.1～4.4）作指示剂。在使用同一指示剂的情况下，进行盐酸和氢氧化钠的互滴练习，不管被滴定溶液的体积如何变化，只要始终使用的是同一瓶溶液，则该体积比应保持不变。通过所消耗盐酸和氢氧化钠的体积比来计算测定的精密度。

三、主要仪器和试剂

1. 盐酸（$6mol \cdot L^{-1}$）。
2. 固体 NaOH。
3. 甲基橙指示剂（$1g \cdot L^{-1}$）。

4. 酚酞指示剂（2g·L^{-1}，乙醇溶液）。

四、实验步骤

1. 0.1mol·L^{-1} HCl溶液和0.1mol·L^{-1} NaOH溶液的配制

通过计算求出配制500mL 0.1mol·L^{-1} HCl溶液所需6mol·L^{-1}盐酸的体积。然后用小量筒量取此量的6mol·L^{-1}盐酸，加入水中，并稀释成500mL，贮于玻璃塞试剂瓶中，充分摇匀。

同样，计算求出配制500mL 0.1mol·L^{-1} NaOH溶液所需固体NaOH的量，在台秤上迅速称出，置于烧杯中，立即用水溶解，配制成500mL溶液，贮于具橡皮塞的试剂瓶中，充分摇匀。试剂瓶应贴上标签，注明试剂名称、配制日期、使用者姓名，并留一空位以备填入此溶液的准确浓度。

2. HCl溶液滴定NaOH溶液

按照玻璃仪器的洗涤要求和方法洗净酸、碱滴定管各一支（检查是否漏水，若漏水按要求处理）。先用水将滴定管内壁冲洗2～3次，然后用配制好的盐酸标准溶液将酸式滴定管淌洗2～3次，再于管内装满该酸溶液；用NaOH标准溶液将碱式滴定管淌洗2～3次，再于管内装满该碱溶液。然后排出两滴定管管尖空气泡。

分别将两支滴定管液面调节至“0.00”刻度，或零点刻度稍下处静置1min后，精确读取滴定管内液面位置并立即将读数记录在实验报告本上。

取洁净的锥形瓶一只，放在碱式滴定管下，以每分钟约10mL的速度放出20mL NaOH溶液于锥形瓶中，加入1滴甲基橙指示剂，用HCl溶液滴定至溶液由黄色变橙色为止，读取并记录NaOH溶液及HCl溶液的精确体积。反复平行滴定几次，记录读数，分别求出体积比（V_{HCl}/V_{NaOH}），直至三次测定结果的相对平均偏差在0.1%之内。

3. NaOH溶液滴定HCl溶液

取洁净的锥形瓶一只，放在酸式滴定管下，放出20mL HCl溶液于锥形瓶中，加入3滴酚酞指示剂，用NaOH溶液滴定至溶液由无色变微红色为止，反复平行滴定几次，分别求出体积比（V_{NaOH}/V_{HCl}），直至三次测定结果的相对平均偏差在0.1%之内。

五、实验记录与数据处理

表1 NaOH溶液滴定HCl溶液（指示剂：酚酞）

实验项目	1	2	3
V_{HCl}/mL			
NaOH溶液体积终读数/mL			
NaOH溶液体积初读数/mL			
V_{NaOH}/mL			

续表

实验项目	1	2	3
V_{NaOH}/V_{HCl}			
平均 V_{NaOH}/V_{HCl}			
相对平均偏差/%			

表 2　HCl 溶液滴定 NaOH 溶液(指示剂:甲基橙)

实验项目	1	2	3
V_{NaOH}/mL			
HCl 溶液体积终读数/mL			
HCl 溶液体积初读数/mL			
V_{HCl}/mL			
V_{HCl}/V_{NaOH}			
平均 V_{HCl}/V_{NaOH}			
相对平均偏差/%			

六、思考题

1. 滴定管在装入标准溶液前为什么要用此溶液润洗内壁 2～3 次?

2. 用于滴定的锥形瓶或烧杯是否需要干燥? 要不要用标准溶液润洗? 为什么?

3. 配制 HCl 溶液及 NaOH 溶液所用水的体积，是否需要需要准确量取? 为什么?

4. 在每次滴定完成后，为何要将标准溶液加至滴定管零点或接近零点，然后进行第二次滴定?

5. 用 HCl 溶液滴定 NaOH 溶液时是否可用酚酞作指示剂?

实验二　有机酸摩尔质量测定

一、实验目的

1. 进一步熟悉分析天平差减称量法的基本要点。
2. 了解滴定分析法测定酸碱物质摩尔质量的基本方法。
3. 了解滴定误差的减免方法。
4. 进一步掌握酸碱指示剂的使用。

二、实验原理

有机酸与氢氧化钠反应方程式：

$$n\mathrm{NaOH}+\mathrm{H}_n\mathrm{A} = \mathrm{Na}_n\mathrm{A}+n\mathrm{H_2O}$$

当多元有机酸的逐级解离常数均符合准确滴定的要求时，可以用酸碱滴定法，根据下述公式计算其摩尔质量。

$$M_{\mathrm{H}_n\mathrm{A}}=\frac{m_{\mathrm{H}_n\mathrm{A}}n\times 1000}{c_{\mathrm{NaOH}}V_{\mathrm{NaOH}}}$$

式中，V_{NaOH}为 NaOH 的体积，mL；$m_{\mathrm{H}_n\mathrm{A}}$为称取的有机酸的质量，测定时 n 值须为已知的数。

三、主要试剂和仪器

1. NaOH 溶液（$0.1\mathrm{mol\cdot L^{-1}}$）。
2. 酚酞指示剂（$2\mathrm{g\cdot L^{-1}}$乙醇溶液）。
3. 邻苯二甲酸氢钾基准物质（在 105～110℃烘箱内干燥 1h，取出放入干燥器内备用）。
4. 有机酸试样（如草酸、酒石酸、柠檬酸、乙酰水杨酸、苯甲酸等）。

四、实验步骤

1. $0.10\mathrm{mol\cdot L^{-1}}$ NaOH 溶液的配制及标定

① 用直接称量法在台秤上称取 2g NaOH 于小烧杯中，溶解后，置于 500mL（需要定量移入吗?）具橡皮塞（为什么?）的试剂瓶中稀释至 500mL 摇匀。

② 在分析天平上，用减量称量法称取 0.4～0.6g 无水邻苯二甲酸氢钾（$\mathrm{KHC_8H_4O_4}$）试样 3 份，分别放入 250mL 锥形瓶中，加入 40～50mL 蒸馏水，溶解后，加入 2～3 滴酚酞指示剂，用待标定的 $0.10\mathrm{mol\cdot L^{-1}}$NaOH 滴定至溶液呈微红色并保持半分钟不褪色为终点。计算 NaOH 的浓度并给出平均值。各次标定结果的相对平均偏差应控制在<0.2%。

2. 有机酸摩尔质量的测定

在分析天平上，用减量称量法称取1.7～1.9g有机酸（草酸、酒石酸或柠檬酸）试样1份，放入100mL烧杯中，加入20～30mL蒸馏水，溶解后，定量转入250.0mL容量瓶中，稀释至刻度，摇匀。用25.00mL移液管定量移取试液于250mL锥形瓶中，加入2～3滴酚酞指示剂，用已标定的NaOH溶液滴定至溶液呈微红色并保持半分钟不褪色为终点。平行测定3～5份，计算有机酸摩尔质量，给出平均值。各次标定结果的相对平均偏差应控制在<0.2%。

五、实验记录与数据处理

表1 有机酸摩尔质量的测定

实验项目	1	2	3
$KHC_8H_4O_4$质量/g			
NaOH溶液体积终读数/mL			
NaOH溶液体积初读数/mL			
V_{NaOH}/mL			
c_{NaOH}/mol·L^{-1}			
c_{NaOH}平均值/mol·L^{-1}			
相对平均偏差/%			

表2 NaOH标准溶液浓度的标定

实验项目	1	2	3
有机酸试样质量/g			
有机酸试样溶液总体积/mL			
滴定时移取$V_{有机酸}$/mL			
c_{NaOH}/mol·L^{-1}			
NaOH溶液体积终读数/mL			
NaOH溶液体积初读数/mL			
V_{NaOH}/mL			
$M_{有机酸}$			
$M_{有机酸}$平均值			
相对平均偏差/%			

六、思考题

1. 为什么本试验不用甲基橙指示剂？

2. 草酸、酒石酸或柠檬酸都有两个或三个解离常数，能否分步滴定，为什么？

3. 草酸钠是否可以作为酸碱滴定的基准物质？为什么？

4. 假设用0.1000mol·L^{-1}NaOH滴定20.00mL同浓度的邻苯二甲酸氢钾，滴定终点误差是多少[已知pH(sp)=9.89，pH(ep)=9.10]？

5. 已标定的标准溶液在保存时吸收了空气中的CO_2，若以它测定溶液的浓度，当用酚酞为指示剂时，对测定结果有何影响？改用甲基橙为指示剂，结果如何？

实验三　食醋总酸量的测定

一、实验目的

1. 了解基准物质邻苯二甲酸氢钾（$KHC_8H_4O_4$）的性质及其应用。

2. 掌握 NaOH 标准溶液的配制、标定及保存方法。

3. 掌握强碱滴定弱酸的突跃范围及指示剂选择原理。

二、实验原理

食醋的主要成分是乙酸（CH_3COOH，HAc），此外还有其他弱酸，如乳酸等。用 NaOH 滴定时，乙酸和其他弱酸一起被中和，因此测出的是总酸量，计算结果以含量最多的乙酸来表示。用 NaOH 滴定时反应为：

$$HAc + NaOH = NaAc + H_2O \qquad HAc 的 K_a = 1.8 \times 10^{-5}$$

滴定反应为强碱滴定一元弱酸，突跃范围在碱性区域，选择在碱性范围变色的指示剂。

三、主要试剂和仪器

1. NaOH 溶液（$0.1mol \cdot L^{-1}$）。

2. 酚酞指示剂（$2g \cdot L^{-1}$乙醇溶液）。

3. 邻苯二甲酸氢钾（$KHC_8H_4O_4$）基准物质（烘箱中 100～125℃干燥 1h 后置于干燥器中备用）。

四、实验步骤

1. NaOH 溶液的标定

参见实验二相关内容。

2. 食用白醋（HAc）含量的测定

准确移取食用白醋 10.00mL，置于 100.0mL 容量瓶中，蒸馏水稀释至刻度，摇匀。用 25.00mL 移液管分别取 3 份溶液于 250mL 锥形瓶中，加酚酞 2～3 滴。用 NaOH 标准溶液滴定至微红色，30s 不褪色为终点。计算白醋中 HAc 的含量（$g \cdot 100mL^{-1}$）。

五、实验记录与数据处理

实验数据记录表格参考实验二。

六、思考题

1. 标定 NaOH 标准溶液的基准物质常用的有哪几种？本实验选用的基准物质

是什么？与其他基准物质相比，有什么显著的优点？

2. 称取 NaOH 及 $KHC_8H_4O_4$ 各用什么天平？为什么？

3. 测定食用醋含量时，为什么选用酚酞为指示剂？能否选用甲基橙或甲基红为指示剂？酚酞指示剂由无色变为红色时，溶液的 pH 值为多少？变红的溶液在空气中放置后又会变为无色的原因是什么？

实验四　工业纯碱中总碱度的测定

一、实验目的

1. 掌握 HCl 标准溶液的标定方法。
2. 了解基准物质碳酸钠和硼砂的性质及应用。
3. 了解强酸滴定二元弱碱的滴定过程中 pH 变化及指示剂选择的原则。

二、实验原理

1. 工业纯碱中总碱度的测定

工业纯碱的主要成分为 Na_2CO_3，商品名为苏打，内含有杂质 NaCl、Na_2SO_4、$NaHCO_3$、NaOH 等，可通过测定总碱度来衡量产品的质量。

CO_3^{2-} 的 $K_{b_1}=1.8\times10^{-4}$，$K_{b_2}=2.4\times10^{-8}$，$cK_b>10^{-8}$，可被 HCl 标准溶液准确滴定。

滴定反应为：$Na_2CO_3 + 2HCl \longrightarrow 2NaCl + H_2O + CO_2\uparrow$

化学计量点时，溶液呈弱酸性（pH≈3.89），可选用甲基橙（红）作指示剂。

终点：黄色→橙色，试样中的 $NaHCO_3$ 同时被中和。

由于试样易吸收水分和 CO_2，应在 270～300℃将试样烘干 2h，以除去吸附水并使 $NaHCO_3$ 全部转化为 Na_2CO_3，工业纯碱的总碱度通常以 Na_2CO_3 的质量分数或 Na_2O 的质量分数表示。由于试样均匀性较差，应称取较多试样，使其更具有代表性。测定的允许误差可适当放宽一点。

2. 0.1mol·L⁻¹ HCl 溶液的标定

基准物质：无水 Na_2CO_3 或硼砂（$Na_2B_4O_7\cdot10H_2O$）。

用无水 Na_2CO_3 标定：

$$2HCl + Na_2CO_3 \longrightarrow 2NaCl + CO_2\uparrow + H_2O$$

指示剂：甲基橙　　终点：黄色→橙色

$$c_{HCl}=\frac{m_{Na_2CO_3}\times2000}{M_{Na_2CO_3}V_{HCl}}$$

式中，c_{HCl} 为盐酸溶液的浓度，$mol\cdot L^{-1}$；$m_{Na_2CO_3}$ 为碳酸钠的质量，g；$M_{Na_2CO_3}$ 为 Na_2CO_3 的摩尔质量，$g\cdot mol^{-1}$；V_{HCl} 为盐酸溶液的体积，mL。

用硼砂标定：

$$Na_2B_4O_7 + 5H_2O + 2HCl \longrightarrow 4H_3BO_3 + 2NaCl \quad K_a=5.8\times10^{-10}$$

化学计量点时，溶液呈弱酸性（pH≈5.1），可选用甲基红作指示剂。

$$c_{HCl}=\frac{m_{硼砂}\times2000}{M_{硼砂}V_{HCl}}$$

三、主要试剂和仪器

1. HCl 溶液（0.1mol·L^{-1}）。配制时应在通风橱中操作，用量杯量取 6mol·L^{-1} 盐酸约 18mL，倒入试剂瓶中，加水稀释至 1L，充分摇匀。

2. 无水 Na_2CO_3 基准物质（180℃干燥 2～3h，置于干燥器中备用）。

3. 甲基红指示剂（2g·L^{-1} 60%乙醇溶液）。

4. 甲基橙指示剂（1g·L^{-1}）。

5. 甲基红-溴甲酚绿混合指示剂：将 2g·L^{-1}的甲基红的乙醇溶液与 1g·L^{-1}的溴甲酚绿以 1∶3 体积混合。

6. 硼砂（置于含有 NaCl 和蔗糖的饱和溶液的干燥器内保存）。

四、实验步骤

1. 0.1mol·L^{-1} HCl 溶液的标定

（1）用无水 Na_2CO_3 标定　用差减法准确称取 0.15～0.20g 无水碳酸钠 3 份（称样时，称量瓶要带盖），分别置于 250mL 锥形瓶内，加水 30mL 溶解，加甲基橙指示剂 1～2 滴，然后用盐酸溶液滴定至溶液由黄色变为橙色，即为终点，平行三份。由 Na_2CO_3 的质量及实际消耗的盐酸体积，计算 HCl 溶液的浓度和测定结果的相对平均偏差。

（2）用硼砂标定　用差减法准确称取 0.4～0.6g 硼砂 3 份，分别放在 250mL 锥形瓶内，加水 50mL，微热溶解，冷却后，加 2 滴甲基红指示剂（或甲基红-溴甲酚绿混合指示剂），然后用盐酸溶液滴定至溶液由黄色变为浅红色（溶液由绿色变为橙色），即为终点，平行测定 3 份。由硼砂的质量及实际消耗的盐酸体积，计算 HCl 溶液的浓度和测定结果的相对平均偏差。

2. 工业纯碱中总碱度的测定

准确称取 2g 试样于小烧杯中，用适量蒸馏水溶解（必要时，可稍加热以促进溶解）冷却后，定量地转移至 250mL 容量瓶中，用蒸馏水稀释至刻度，摇匀。用移液管移取试液 25.00mL 于锥形瓶中，加 20mL 水，加 1～2 滴甲基橙指示剂，用 0.1mol·L^{-1}的 HCl 标准溶液滴定至恰变为橙色，即为终点。记录滴定所消耗的 HCl 溶液的体积，平行测定 3 份。计算试样中 Na_2O 或 Na_2CO_3 的含量，即为总碱度，测定各次的相对偏差应在±0.5%内。

$$w_{Na_2CO_3}=\frac{(cV)_{HCl}M_{Na_2CO_3}/2000}{m_s\times\frac{25.00}{250}}\times100\%$$

五、实验记录与数据处理

表1　0.1mol·L⁻¹ HCl 溶液的标定

实验项目	1	2	3
无水碳酸钠质量/g			
HCl 溶液体积终读数/mL			
HCl 溶液体积初读数/mL			
V_{HCl}/mL			
c_{HCl}/mol·L^{-1}			
c_{HCl}平均值/mol·L^{-1}			
相对平均偏差/%			

表2　工业纯碱中总碱度的测定

实验项目	1	2	3
试样质量/g			
试样溶液总体积/mL			
滴定时移取 $V_{试样}$/mL			
c_{HCl}/mol·L^{-1}			
HCl 溶液体积终读数/mL			
HCl 溶液体积初读数/mL			
V_{HCl}/mL			
$w_{Na_2CO_3}$/%			
$w_{Na_2CO_3}$平均值/%			
相对平均偏差/%			

六、思考题

1. 无水 Na_2CO_3保存不当，吸收了1%的水分，用此基准物质标定盐酸溶液的浓度时，对其结果产生何种影响？

2. 标定盐酸的两种基准物质无水 Na_2CO_3和硼砂，各有什么优缺点？

实验五 阿司匹林片剂中有效成分含量的测定

一、实验目的

1. 掌握酸碱滴定法测定药物有效成分含量的基本方法及有关计算。
2. 熟悉两步滴定法测定阿司匹林片的原理。
3. 了解阿司匹林片剂分析的基本操作技术。

二、实验原理

阿司匹林片是一种解热、消炎镇痛药，药典规定含阿司匹林应为标示量的95.0%～105.0%。阿司匹林化学名称为乙酰水杨酸，微溶于水，易溶于乙醇，分子式为 $C_9H_8O_4$，摩尔质量为 $180.16g\cdot mol^{-1}$。乙酰水杨酸分子之中主要含有一个酯基和一个羧基。在测定时，利用其酯结构在碱性溶液中易于水解的性质，加入定量过量的氢氧化钠标液，加热使酯水解，剩余的碱用酸标准溶液回滴。

但是，阿司匹林片剂中除主成分以外，还加入了少量酒石酸或枸橼酸作为稳定剂。此外，制剂工艺过程中又可能有水解产物（水杨酸、乙酸）产生，因此，不能采用直接滴定法，而采用先中和供试品共存的酸，再将阿司匹林在碱性条件下水解后进行测定。有关的滴定反应式为：

$$C_6H_4(COOH)(OCOCH_3) + 2\,NaOH \longrightarrow C_6H_4(COONa)(OH) + CH_3COONa$$

$$2\,NaOH + H_2SO_4 = Na_2SO_4 + 2H_2O$$

三、主要试剂及仪器

1. NaOH 标准溶液（$0.1mol\cdot L^{-1}$）。
2. H_2SO_4标准溶液（$0.05mol\cdot L^{-1}$）。
3. 酚酞指示液（$2g\cdot L^{-1}$乙醇溶液）。
4. $2g\cdot L^{-1}$甲基红指示剂（60%乙醇溶液或其钠盐水溶液）。
5. 滴定管。

四、实验步骤

1. $0.1mol\cdot L^{-1}$ NaOH 溶液的配制及标定

参见实验二相关内容。

2. $0.05mol\cdot L^{-1}$ H_2SO_4溶液的配制及标定

量取浓硫酸 1.5mL 慢慢注入 600mL 烧杯内的 400ml 水中，混匀。冷却后转移入 1L 量瓶中，用水稀释至刻度，混匀。贮存于密闭的玻璃容器内。

准确称量已在 250℃干燥过 4h 的基准无水碳酸钠 0.1～0.12g 置于 250mL 锥形瓶中，加 50mL 水溶解，再加 2 滴甲基红指示液，用硫酸溶液滴定至红色刚出现，小心煮沸溶液至红色褪去，冷却至室温。继续滴定、煮沸、冷却，直至刚出现的微红色在再加热时不褪色为止。

3. 阿司匹林有效成分测定

将阿司匹林片研细，精确称取 0.3g 左右试样于 250mL 锥形瓶中，加中性乙醇 20mL，振摇使其溶解，加酚酞指示液 3 滴，滴加氢氧化钠标准溶液，至溶液显粉红色。此过程中和了存在的游离酸，阿司匹林也同时成为钠盐。加入氢氧化钠标准溶液 40mL，水浴加热 15min 并不断振摇，迅速冷却试样至室温，加酚酞指示液 4 滴，用硫酸标准溶液滴定剩余的碱，并将滴定的结果用空白试验校正。平行测定 3 次。

五、实验记录与数据处理

表 1　阿司匹林有效成分测定

实验项目	1	2	3
阿司匹林质量/g			
H_2SO_4溶液体积终读数/mL			
H_2SO_4溶液体积初读数/mL			
$V_{H_2SO_4}$/mL			
$w_{阿司匹林}$/%			
$w_{阿司匹林}$平均值/%			
相对平均偏差/%			

六、思考题

1. 本实验为什么要采用先中和后水解滴定的方式测定阿司匹林？
2. 本实验如何减少由于空气中 CO_2的溶解造成的误差？

实验六　蛋壳中 $CaCO_3$ 含量的测定

一、实验目的

1. 了解实际试样的处理方法。
2. 掌握蛋壳中 $CaCO_3$ 含量测定的原理和方法。
3. 掌握返滴定法测定样品的原理和应用。

二、实验原理

鸡蛋壳的主要成分为 $CaCO_3$，其次为 $MgCO_3$、蛋白质、色素以及少量的 Fe、Al。蛋壳中的碳酸盐能与 HCl 发生反应：

$$CaCO_3 + 2H^+ \xlongequal{} Ca^{2+} + CO_2\uparrow + H_2O$$

过量的 HCl 溶液用 NaOH 标准溶液返滴定，由加入 HCl 的物质的量与返滴定所消耗的 NaOH 的物质的量之差，即可求得试样中 $CaCO_3$ 的含量。

三、主要试剂和仪器

1. 盐酸标准溶液（$0.10mol \cdot L^{-1}$）。
2. 氢氧化钠标准溶液（$0.10mol \cdot L^{-1}$）。
3. 甲基橙指示剂（$1g \cdot L^{-1}$）。

四、实验步骤

1. $0.1mol \cdot L^{-1}$ HCl 标准溶液的配制及标定

参见相关实验。

2. $0.1mol \cdot L^{-1}$ NaOH 标准溶液的配制及标定

参见相关实验。

3. 蛋壳中 $CaCO_3$ 含量的测定

将蛋壳洗净，取出内膜、烘干，用研钵研碎后过 80～100 目筛。称取 5g 蛋壳细粉，置于瓷坩埚中，用电炉炭化，放冷，用 2.0mL 稀盐酸润湿，小火蒸至无烟，置于马弗炉内于 1000℃下灰化 2h，取出放冷。

准确称取 0.1g 灰化后蛋壳试样 3 份，分别置于 250mL 锥形瓶中，用滴定管逐滴加入 HCl 标准溶液 40.00mL，并放置 30min，加入甲基橙指示剂，以 NaOH 标准溶液返滴定其中的过量 HCl 至溶液由红色变为黄色即为终点。计算蛋壳试样中 $CaCO_3$ 的质量分数。

五、实验记录与数据处理

1. 0.1mol·L^{-1}HCl 溶液的标定

列表参照相关实验自拟。

2. 0.1mol·L^{-1}NaOH 标准溶液标定

列表参照相关实验自拟。

3. 计算蛋壳中 $CaCO_3$ 含量的测定

表 1　蛋壳中 $CaCO_3$ 含量的测定

实验项目	1	2	3
试样质量/g			
c_{HCl}/mol·L^{-1}			
滴定时移取 V_{HCl}/mL			
c_{NaOH}/mol·L^{-1}			
NaOH 溶液体积初读数/mL			
NaOH 溶液体积终读数/mL			
V_{NaOH}/mL			
w_{CaCO_3}/%			
w_{CaCO_3}平均值/%			
相对平均偏差/%			

六、思考题

1. 研碎后的蛋壳试样为什么要通过标准筛？通过 80～100 目标准筛后试样粒度为多少？

2. 为什么向试样中加入 HCl 溶液要逐滴加入？加入 HCl 溶液后为什么要放置 30min 后再以 NaOH 返滴定？

3. 本试验能否使用酚酞指示剂？

第五章

配位滴定实验

实验一　EDTA 的配制与标定

一、实验目的

1. 学习 EDTA 标准溶液的配制及标定方法。
2. 掌握配位滴定的原理，了解配位滴定的特点。
3. 了解常用金属指示剂的特点。

二、实验原理

乙二胺四乙酸（简称 EDTA，常用 H_4Y 表示）难溶于水，常温下其溶解度为 $0.2g \cdot L^{-1}$（约 $0.0007mol \cdot L^{-1}$），在分析中通常使用其二钠盐配制标准溶液。乙二胺四乙酸二钠盐的溶解度为 $120g \cdot L^{-1}$，可配成 $0.3mol \cdot L^{-1}$ 的溶液，其水溶液 pH≈4.4，通常采用间接法配制标准溶液。标定 EDTA 溶液常用的基准物有 Zn、ZnO、$CaCO_3$、Bi、Cu、$MgSO_4 \cdot 7H_2O$、Ni、Pb 等。应选用其中与被测物组分性质相近的物质作基准物，滴定条件接近可减小误差。

EDTA 标准溶液标定时，通常选用铬黑 T 或二甲酚橙为指示剂。指示剂不同，适用的条件也有所不同。滴定过程中溶液内发生的反应如下：

指示剂（以 H_nIn 表示），在水溶液中按下式解离：

$$H_nIn \rightleftharpoons nH^+ + In^{n-}$$

溶液中 In^{n-} 与金属离子（M^{m+}）反应形成较稳定的配合物 $M(In)_m$。用简化式表示有：

$$\underset{\text{甲色}}{In} + M \rightleftharpoons \underset{\text{乙色}}{MIn}$$

当用 EDTA 溶液滴定时，由于 EDTA 能与金属离子形成比 MIn 更稳定的配合物 MY，因此在滴定终点附近，MIn 配离子不断转化为较稳定的 MY，指示剂则被置换出来，其反应可表示为：

$$\underset{\text{乙色}}{MIn} + Y = MY + \underset{\text{甲色}}{In}$$

滴定至溶液由乙色刚好变为甲色，即为终点。

三、主要试剂和仪器

1. 乙二胺四乙酸二钠盐。

2. NH_3-NH_4Cl 缓冲溶液。

3. 铬黑 T 指示剂（$5g \cdot L^{-1}$）：称取 0.5g 铬黑 T，溶于 25mL 三乙醇胺和 75mL 无水乙醇的混合溶液中，低温保存，有效期约为 100 天。

4. 锌片（或锌粉）（99.9%）。

5. $CaCO_3$ 基准物质。

6. Mg^{2+}-EDTA 溶液。

7. 六亚甲基四胺（$200g \cdot L^{-1}$）。

8. 二甲酚橙水溶液（$2g \cdot L^{-1}$）。

9. HCl 溶液（$6mol \cdot L^{-1}$）。

10. 氨水（$5mol \cdot L^{-1}$）。

11. 甲基红（$1g \cdot L^{-1}$ 60%乙醇溶液）。

四、实验步骤

1. Ca^{2+} 标准溶液和 EDTA 标准溶液的配制

（1）Ca^{2+} 标准溶液的配制　计算称取配制 250mL $0.01mol \cdot L^{-1}$ Ca^{2+} 标准溶液所需的 $CaCO_3$ 的质量。用差减法准确称取计算所得质量的 $CaCO_3$ 于 150mL 烧杯中，先以少量水润湿，盖上表面皿，从烧杯嘴处往烧杯中滴加约 5mL $6mol \cdot L^{-1}$ HCl 溶液，使 $CaCO_3$ 全部溶解。加水 50mL，微沸几分钟以除去 CO_2。冷却后用水冲洗烧杯内壁和表面皿，定量转移至 250mL 容量瓶中，用水稀释至刻度，摇匀，计算 $CaCO_3$ 的浓度。

（2）Zn^{2+} 标准溶液的配制　计算称取配制 250mL $0.01mol \cdot L^{-1}$ Zn^{2+} 标准溶液所需的锌片（或锌粉）的质量。用差减法准确称取计算所得质量的锌片（或锌粉）于 150mL 烧杯中，加入 10mL $6mol \cdot L^{-1}$ HCl 溶液，立即盖上表面皿，待锌全部溶解，以少量水冲洗烧杯内壁和表面皿，定量转移至 250mL 容量瓶中，用水稀释至刻度，摇匀，计算锌标准溶液的浓度。

（3）EDTA 标准溶液的配制　计算称取配制 250mL $0.01mol \cdot L^{-1}$ EDTA 所需的 EDTA 二钠盐质量。用天平称取上述质量的 EDTA 二钠盐于 250mL 烧杯中，加水，温热溶解，冷却后移入聚乙烯塑料瓶中。

2. EDTA标准溶液的标定

（1）以$CaCO_3$为基准物质标定EDTA　移取25.00mL Ca^{2+}标准溶液于锥形瓶中，加一滴甲基红，用氨水中和Ca^{2+}标准溶液中的HCl，当溶液由红变黄即可。加20mL水和5mL Mg^{2+}-EDTA溶液，然后加入10mL NH_3-NH_4Cl缓冲溶液，加2～3滴5g·L^{-1}铬黑T指示剂，立即用EDTA标准溶液滴定，当溶液颜色由酒红色变为纯蓝色即为终点。平行测定3份，计算EDTA的准确浓度。

（2）以Zn^{2+}为基准物质标定EDTA　移取25.00mL Zn^{2+}标准溶液于锥形瓶中，加2滴二甲酚橙指示剂，滴加200g·L^{-1}六亚甲基四胺至溶液呈现稳定的紫红色，再加入5mL六亚甲基四胺。用EDTA标准溶液滴定，当溶液颜色由紫红色恰好转变为黄色时即为终点。平行测定3份，计算EDTA的准确浓度。

五、实验记录与数据处理

表1　EDTA标准溶液浓度标定

实验项目	1	2	3
试样质量/g			
滴定时移取V_{CaCO_3}/mL			
EDTA溶液体积初读数/mL			
EDTA溶液体积终读数/mL			
V_{EDTA}/mL			
c_{EDTA}/mol·L^{-1}			
c_{EDTA}平均值/mol·L^{-1}			
相对平均偏差/%			

六、思考题

1. 以HCl溶液溶解$CaCO_3$基准物时，操作中应注意什么？

2. 以二甲酚橙为指示剂，用Zn^{2+}标定EDTA浓度的实验中，溶液的pH值为多少？

3. 当水样中Mg^{2+}含量很低时，以铬黑T为指示剂测定水中Ca^{2+}、Mg^{2+}总量，终点不清晰，因此常在水样中先加入少量的MgY^{2-}配合物，再用EDTA滴定，终点就敏锐。这样做对测定结果有无影响？说明其原理。

实验二　自来水总硬度的测定

一、实验目的

1. 掌握配位滴定法测定水总硬度的原理和方法。
2. 了解水的硬度的测定意义和常用的硬度表示方法。
3. 掌握铬黑 T 指示剂的使用条件和确定终点的方法。

二、实验原理

水硬度分为水的总硬度和钙、镁硬度。总硬度是指钙、镁离子总量，而由镁离子形成的硬度称为“镁硬”，由钙离子形成的硬度称为“钙硬”。对于水的总硬度，各国表示方法有所不同，我国目前采用将水中钙、镁离子的总量折算成 $CaCO_3$ 含量来表示硬度（单位为 $mg \cdot L^{-1}$ 或 $mmol \cdot L^{-1}$）。

测定水的总硬度一般采用 EDTA 滴定法。在 pH≈10 的氨性缓冲溶液中，以铬黑 T 为指示剂，用 EDTA 标准溶液滴定钙、镁离子总量。铬黑 T 和 EDTA 都能和 Ca^{2+}、Mg^{2+} 形成配合物，其配合物稳定性顺序为：$[CaY]^{2-} > [MgY]^{2-} > [MgIn]^{-} > [CaIn]^{-}$。滴定时，加入铬黑 T 指示剂后，部分 Mg^{2+} 与铬黑 T 形成配合物使溶液呈紫红色。

当用 EDTA 滴定时，EDTA 先与水中的 Ca^{2+} 和 Mg^{2+} 反应形成无色的配合物，化学计量点时，EDTA 置换指示剂配合物中的 Mg^{2+}，使指示剂游离出来，溶液由紫红色变成纯蓝色即为终点。

滴定前：$Mg^{2+} + \underset{\text{蓝色}}{HIn^{2-}} = \underset{\text{紫红色}}{[MgIn]^{-}} + H^{+}$

化学计量点前：$Ca^{2+} + HY^{3-} = [CaY]^{2-} + H^{+}$

$$Mg^{2+} + HY^{3-} = [MgY]^{2-} + H^{+}$$

化学计量点时：$\underset{\text{紫红色}}{[MgIn]^{-}} + HY^{3-} = [MgY]^{2-} + \underset{\text{蓝色}}{HIn^{2-}}$

（pH=10，EDTA 的主要型体是 HY^{3-}）

根据消耗的 EDTA 标准溶液的体积计算水的总硬度。

水样中，常存在 Fe^{3+}、Al^{3+}、Cu^{2+}、Pb^{2+}、Zn^{2+}、Mn^{2+} 等金属离子，将会影响对终点的确定，甚至使滴定不能进行。滴定时可采用三乙醇胺掩蔽 Fe^{3+}、Al^{3+} 等干扰离子，以 Na_2S 或巯基乙酸掩蔽 Cu^{2+}、Pb^{2+}、Zn^{2+} 等干扰离子，Mn^{2+} 的干扰可用盐酸羟胺消除。

铬黑 T 和 Mg^{2+} 的显色灵敏度高于 Ca^{2+} 的显色灵敏度，当水样中镁的含量较低时，指示剂在终点的变色不敏锐。为了提高滴定终点的敏锐性，可加入一定量的 Mg^{2+}-EDTA 予以改善或者使用 K-B 混合指示剂指示终点（紫红至蓝绿）。

三、主要试剂和仪器

1. EDTA 标准溶液（0.01mol·L^{-1}）。
2. NH_3-NH_4Cl 缓冲溶液。
3. NaOH 溶液（100g·L^{-1}）。
4. 铬黑 T 指示剂（5g·L^{-1}）。
5. 三乙醇胺（200g·L^{-1}）。
6. Mg^{2+}-EDTA 溶液。

四、实验步骤

1. EDTA 标准溶液的配制及标定

参见本章实验一中的相关内容。

2. 总硬度的测定

量取澄清的水样 100mL 于 250mL 锥形瓶中，加入 3mL 三乙醇胺、5mL NH_3-NH_4Cl 缓冲溶液，摇匀。加 2～3 滴 5g·L^{-1} 铬黑 T 指示剂，溶液此时呈酒红色，立即用 0.01mol·L^{-1} EDTA 标准溶液滴定，当溶液颜色由酒红色至纯蓝色即为终点。平行测定 3 份，计算水样的总硬度，以 mmol·L^{-1} $CaCO_3$ 表示结果。

五、实验记录与数据处理

1. EDTA 标准溶液的配制及标定

列表参照相关实验自拟。

2. 自来水总硬度的测定

自来水总硬度的测定

实验项目	1	2	3
$V_{水}$/mL			
c_{EDTA}/mol·L^{-1}			
总硬度			
EDTA 溶液体积初读数/mL			
EDTA 溶液体积终读数/mL			
V_{EDTA}/mL			
c_{CaCO_3}/mmol·L^{-1}			
c_{CaCO_3} 平均值/mmol·L^{-1}			
相对平均偏差/%			

六、思考题

1. 什么是水的总硬度？怎样计算水的总硬度？

2. 为什么滴定 Ca^{2+}、Mg^{2+} 总量时要控制 pH≈10，而滴定 Ca^{2+} 含量时要控制 pH 值为 12～13？pH＞13 时测 Ca^{2+} 对结果有何影响？

3. 用 EDTA 测定水的硬度时，哪些离子的存在有何干扰？如何消除？

实验三　牛奶中钙含量的测定

一、实验目的

1. 了解配位滴定法及其特点和应用。

2. 学习返滴定法和空白测定的实验方法。

二、实验原理

本实验采用配位滴定法测定牛奶中的钙含量，即待测金属离子与配位滴定剂定量形成配合物的滴定分析法。配位滴定剂为乙二胺四乙酸二钠盐（EDTA），它与 Ca^{2+} 形成稳定的 1∶1 配合物。

$$Ca^{2+} + H_2Y^{2-} = CaY^{2-} + 2H^+$$

依据此反应通过配位滴定法测定钙含量，滴定方式采用返滴定法。即适宜的酸度下，在试液中加入过量的 EDTA，使待测金属离子与 EDTA 反应完全，然后调节溶液的 pH 值，加入指示剂，以适当金属离子的标准溶液作为返滴定剂，滴定过量的 EDTA，计算与待测离子反应的 EDTA 的量，进而求出待测金属离子的含量。

三、主要试剂和仪器

1. EDTA 溶液（$0.02mol \cdot L^{-1}$）。

2. HCl 溶液（$6mol \cdot L^{-1}$）。

3. KOH 溶液（$1mol \cdot L^{-1}$）。

4. $CaCO_3$ 基准物质。

5. 钙指示剂。

6. 鲜牛奶。

7. 玻璃仪器：250mL 容量瓶，5mL 移液管 1 支，25mL 酸式滴定管 1 支，100mL 锥形瓶 3 个，50mL 烧杯，称量瓶 1 个。

四、实验步骤

1. 钙标准溶液（$0.025mol \cdot L^{-1}$）的配制

用减量法准确称取一定量 $CaCO_3$ 放于烧杯中，加入 2.5mL 的 $6mol \cdot L^{-1}$ HCl 溶液溶解，将溶液转移至 250mL 容量瓶中，洗涤、加水稀释至 250mL，摇匀，计算标准钙溶液浓度。

2. EDTA 标准溶液浓度的标定

取上述标准钙溶液 25.00mL，用 KOH 溶液调节 pH 值约为 12，以钙指示剂为指示剂，标定 EDTA 溶液浓度，平行测定 3 次。

3. 牛奶中钙含量的测定

① 用移液管移取 5.00mL 市售牛奶于 125mL 锥形瓶中，加入 10.00mL 的 EDTA 溶液和 7mL 的 $1mol \cdot L^{-1}$ KOH 溶液，再加入 20～30mg 钙指示剂，摇匀，牛奶变为蓝色，用标准钙溶液回滴过量 EDTA 至蓝色变为紫色。记录消耗体积 V_1，平行测定 3 次。

② 空白实验　用移液管移取 5.00mL 去离子水于 125mL 锥形瓶中，加入 10.00mL 的 EDTA 溶液和 7mL 的 $1mol \cdot L^{-1}$ KOH 溶液，再加入 20～30mg 钙指示剂，摇匀。若溶液呈蓝色，用标准钙溶液滴定至蓝色变为紫色。记录消耗体积 V_2，平行测定 3 次。

由 V_1、V_2 的数值和标准钙溶液的浓度计算牛奶中钙的含量（$g \cdot L^{-1}$）。

五、实验记录与数据处理

1. EDTA 标准溶液的配制及标定

列表参照相关实验自拟。

2. 牛奶中钙含量的测定

表 1　牛奶中钙含量测定

实验项目	1	2	3
$V_{牛奶}$/mL			
$c_{Ca^{2+}}$/$mol \cdot L^{-1}$			
钙标准溶液体积初读数/mL			
钙标准溶液体积终读数/mL			
$V_{Ca^{2+}}$/mL			
$\rho_{Ca^{2+}}$/$g \cdot L^{-1}$			
$\rho_{Ca^{2+}}$ 平均值/$g \cdot L^{-1}$			
相对平均偏差/%			

六、思考题

1. 什么是返滴定法？在什么条件下使用？
2. 用酸式滴定管还是碱式滴定管盛放 EDTA 溶液？

实验四　葡萄糖酸锌片中葡萄糖酸锌质量分数的测定

一、实验目的

1. 了解测定葡萄糖酸锌片中锌含量的方法。
2. 进一步巩固和掌握 EDTA 滴定分析法。

二、实验原理

人体缺锌会引起食欲缺乏、贫血、生长发育缓慢等现象，从而引发各种疾病。葡萄糖酸锌片是近年来开发研制出的一种补锌药，它具有吸收效果好、副作用少、对肠胃无刺激等特点。

葡萄糖酸锌的分子式为（$C_6H_{11}O_7$）$_2$Zn，摩尔质量为 455.68g·mol^{-1}。葡萄糖酸锌片中葡萄糖酸锌的质量分数可利用 EDTA 滴定法测定。在 pH≈10 的 NH_3-NH_4Cl 缓冲溶液中，Zn^{2+} 与铬黑 T（EBT）形成紫红色 Zn-EBT，而 EDTA 与 Zn^{2+} 形成更稳定的无色 Zn-EDTA。滴定至终点时，EDTA 夺取与铬黑 T 配位的 Zn^{2+}，游离出铬黑 T 使溶液呈纯蓝色：

葡萄糖酸锌片中葡萄糖酸锌的质量分数可按下式计算：

$$w_{(C_6H_{11}O_7)_2Zn}=\frac{c_{EDTA}V_{EDTA}M_{(C_6H_{11}O_7)_2Zn}}{m\times1000}\times100\%$$

式中，$w_{(C_6H_{11}O_7)_2Zn}$ 为葡萄糖酸锌片中葡萄糖酸锌的质量分数；c_{EDTA} 为 EDTA 标准溶液的浓度，mol·L^{-1}；V_{EDTA} 为滴定所消耗 EDTA 标准溶液的体积，mL；$M_{(C_6H_{11}O_7)_2Zn}$ 为葡萄糖酸锌的摩尔质量，g·mol^{-1}；m 为取用葡萄糖酸锌片的质量，g。

三、主要试剂和仪器

1. EDTA 溶液（0.01mol·L^{-1}）。
2. NH_3-NH_4Cl 缓冲溶液（pH≈10）。
3. 葡萄糖酸锌片（固体，市售）。
4. 铬黑 T 指示剂（5g·L^{-1}）。
5. 仪器：电子天平、分析天平、酸式滴定管（50mL）、锥形瓶（250mL），量筒（100mL），电炉。

四、实验步骤

取 10 片葡萄糖酸锌片，研细，准确称取片粉适量（约含 0.2g 葡萄糖酸锌）于 250mL 锥形瓶中，加 100mL 蒸馏水，微热使药粉溶解，加 20mL 蒸馏水和 10mL

NH_3-NH_4Cl缓冲溶液，加5滴铬黑T指示剂，用$0.01mol \cdot L^{-1}$ EDTA标准溶液滴定至溶液由紫红色转变为蓝紫色，即为终点。平行滴定3次，计算葡萄糖酸锌片中葡萄糖酸锌的质量分数。

五、实验记录与数据处理

表1　葡萄糖酸锌质量分数的测定

实验项目	1	2	3
试样量/g			
$c_{EDTA}/mol \cdot L^{-1}$			
EDTA溶液初读数/mL			
EDTA溶液终读数/mL			
V_{EDTA}/mL			
$w_{(C_6H_{11}O_7)_2Zn}$/%			
$w_{(C_6H_{11}O_7)_2Zn}$平均值/%			
相对平均偏差/%			

六、思考题

1. 用铬黑T作指示剂时，为什么要控制溶液的pH值约为10？

2. 测定葡萄糖酸锌片中葡萄糖酸锌的质量分数时，若使用二甲酚橙指示终点，溶液的pH值应控制为多少？

实验五 胃舒平药片中铝和镁含量的测定

一、实验目的

1. 学习药剂测定的前处理方法。
2. 了解用返滴定法测定铝的方法。
3. 掌握沉淀分离的操作方法。

二、实验原理

胃舒平主要成分为氢氧化铝、三硅酸铝及少量中药颠茄流浸膏，在制成片剂时还加了大量糊精等赋形剂。药片中 Al 和 Mg 的含量可用 EDTA 配位滴定法测定。

首先溶解样品，分离除去不溶于水的物质，然后分取试液加入过量的 EDTA 溶液，调节 pH 值至 4 左右，煮沸使 EDTA 与 Al 配位完全，再以二甲酚橙为指示剂，用 Zn 标准溶液返滴过量的 EDTA，测出 Al 的含量。另取试液，调节 pH 值，将 Al 沉淀分离后在 pH 值为 10 的条件下以铬黑 T 作指示剂，用 EDTA 标准溶液滴定滤液中的 Mg。

三、主要仪器及试剂

1. EDTA 标准溶液（0.02$mol \cdot L^{-1}$）。
2. Zn^{2+} 标准溶液（0.02$mol \cdot L^{-1}$）。
3. 六亚甲基四胺溶液（200$g \cdot L^{-1}$）。
4. 三乙醇胺溶液（300$g \cdot L^{-1}$）。
5. 氨水（7$mol \cdot L^{-1}$）。
6. 盐酸（6$mol \cdot L^{-1}$）。
7. 甲基红指示剂（2$g \cdot L^{-1}$乙醇溶液）。
8. 铬黑 T 指示剂。
9. 二甲酚橙指示剂（2$g \cdot L^{-1}$）。
10. NH_3-NH_4Cl 缓冲溶液（pH=10）。
11. 滴定管、容量瓶、移液管等。

四、实验步骤

1. 样品处理

取胃舒平药片 10 片，研细后从中准确称出药粉 2g 左右，加入 20mL 6$mol \cdot L^{-1}$ HCl，加蒸馏水 100mL，煮沸，冷却后过滤，并以水洗涤沉淀，收集滤液及洗涤液于 250mL 容量瓶中，稀释至刻度，摇匀。

2. 铝的测定

准确吸取上述试液 5.00mL，加水至 25mL 左右，滴加 7mol·L^{-1} $NH_3·H_2O$ 溶液至刚出现浑浊，再加 6mol·L^{-1} HCl 溶液至沉淀恰好溶解，准确加入 EDTA 标准溶液 25.00mL，再加入 10mL 六亚甲基四胺溶液，煮沸 10min 并冷却后，加入二甲酚橙指示剂 2～3 滴，以 Zn^{2+} 标准溶液滴定至溶液由黄色变为红色，即为终点。根据 EDTA 加入量与 Zn^{2+} 标准溶液滴定体积，计算每片药片中 $Al(OH)_3$ 的质量分数。

3. 镁的测定

吸取试液 25.00mL，滴加 7mol·L^{-1} $NH_3·H_2O$ 溶液至刚出现沉淀，再加 6mol·L^{-1} HCl 溶液至沉淀恰好溶解，加入 2g 固体 NH_4Cl，滴加六亚甲基四胺溶液至沉淀出现并过量 15mL，加热至 80℃，维持 10～15min，冷却后过滤，以少量蒸馏水洗涤沉淀数次，收集滤液与洗涤液于 250mL 锥形瓶中，加入三乙醇胺溶液 10mL、$NH_3·NH_4Cl$ 缓冲溶液 10mL 及甲基红指示剂 1 滴，铬黑 T 指示剂少许，用 EDTA 标准溶液滴定至试液由暗红色转变为蓝绿色，即为终点。计算每片药片中 Mg 的质量分数（以 MgO 表示）。

五、实验记录与数据处理

表 1　铝的测定

实验项目	1	2	3
m_1(药片)/g			
m_2(药粉)/g			
$V_{试液}$/mL			
$V_{Zn标}$始/mL			
$V_{Zn标}$终/mL			
$V_{Zn标}$/mL			
$w_{Al(OH)_3}$/%			
$w_{Al(OH)_3}$平均值/%			

表 2　镁的测定

项目	1	2	3
m_1(药片)/g			
m_2(药粉)/g			
$V_{试液}$/mL			
$V_{Zn标}$始/mL			
$V_{Zn标}$终/mL			
$V_{Zn标}$/mL			
w_{MgO}/%			
w_{MgO}平均值/%			

六、注意事项

1. 为使测定结果具有代表性，应取较多样品，研细后再取部分进行分析。
2. 测定镁时加入一滴甲基红指示剂可使终点更为敏锐。

七、思考题

1. 本实验为什么要称取大样后，再分取部分试液进行滴定?
2. 在分离铝后的滤液中测定镁，为什么要加三乙醇胺?

实验六 混合溶液中铋、铅含量的连续测定

一、实验目的

1. 了解用控制酸度的方法进行铋和铅连续配位滴定的原理。
2. 学习铋和铅连续配位滴定的分析方法。
3. 熟悉二甲酚橙指示剂的应用和终点颜色的变化。

二、实验原理

Bi^{3+}、Pb^{2+} 均能与 EDTA 形成稳定的配合物，其 $\lg K$ 值分别为 27.94 和 18.04，两者稳定性相差很大，$\Delta\lg K = 9.90 > 5$。因此，可以用控制酸度的方法在一份试液中连续滴定 Bi^{3+} 和 Pb^{2+}。在测定中，均以二甲酚橙（XO）作指示剂，XO 在 $pH < 6$ 时呈黄色，在 $pH > 6.3$ 时呈红色；而它与 Bi^{3+}、Pb^{2+} 所形成的配合物呈紫红色，它们的稳定性与 Bi^{3+}、Pb^{2+} 和 EDTA 所形成的配合物相比要低，而 $K_{Bi\text{-}XO} > K_{Pb\text{-}XO}$。

测定时，先用 HNO_3 调节溶液 $pH = 1.0$，用 EDTA 标准溶液滴定溶液由紫红色突变为亮黄色，即为滴定 Bi^{3+} 的终点。然后加入六亚甲基四胺，使溶液 pH 值为 5～6，此时 Pb^{2+} 与 XO 形成紫红色配合物，继续用 EDTA 标准溶液滴定至溶液由紫红色突变为亮黄色，即为滴定 Pb^{2+} 的终点。

三、主要仪器和试剂

1. EDTA 标准溶液（$0.01mol \cdot L^{-1}$）。
2. 二甲酚橙指示剂（$2g \cdot L^{-1}$）。
3. 六亚甲基四胺溶液（$200g \cdot L^{-1}$）
4. Bi^{3+}，Pb^{2+} 混合溶液（浓度均约为 $0.01mol \cdot L^{-1}$）。

四、实验步骤

1. EDTA 标准溶液的配制及标定

参见本章实验一相关内容。

2. 铅、铋含量的测定

用移液管移取 20.00mL Bi^{3+}，Pb^{2+} 混合液 3 份置于 250mL 锥形瓶中，加 1～2 滴二甲酚橙指示剂，用 EDTA 标准溶液滴定，仔细观察、控制溶液的颜色由紫红色恰好变为黄色即为滴定 Bi^{3+} 的终点。根据消耗的 EDTA 体积，计算混合溶液中 Bi^{3+} 的含量（$g \cdot L^{-1}$）。

在滴定 Bi^{3+} 后的溶液中，滴加六亚甲基四胺溶液，至溶液呈现稳定的紫红色

后，再过量 4mL，此时溶液的 pH 值约为 5～6，用 EDTA 标准溶液继续滴定，再次观察并控制溶液颜色由紫红色恰变为黄色，为滴定 Pb^{2+} 的终点。根据滴定结果，计算混合液中 Pb^{2+} 的含量（$g \cdot L^{-1}$）。

五、实验记录与数据处理

1. EDTA 标准溶液的标定

列表参照相关实验自拟。

2. 铅、铋混合溶液中铋含量的测定

表 1　铅、铋混合溶液中铋含量的测定

实验项目	1	2	3
$V_{试样}$/mL			
c_{EDTA}/$mol \cdot L^{-1}$			
EDTA 溶液体积初读数/mL			
EDTA 溶液体积终读数/mL			
V_{EDTA}/mL			
$\rho(Bi^{3+})$/$g \cdot L^{-1}$			
$\rho(Bi^{3+})$平均值/$g \cdot L^{-1}$			
相对平均偏差/%			

表 2　铅、铋混合溶液中铅含量的测定

实验项目	1	2	3
$V_{试样}$/mL			
c_{EDTA}/$mol \cdot L^{-1}$			
EDTA 溶液体积初读数/mL			
EDTA 溶液体积终读数/mL			
V_{EDTA}/mL			
$\rho(Pb^{2+})$/$g \cdot L^{-1}$			
$\rho(Pb^{2+})$平均值/$g \cdot L^{-1}$			
相对平均偏差/%			

六、思考题

1. 描述连续滴定 Bi^{3+}、Pb^{2+} 过程中，锥形瓶中颜色的变化情形，陈述颜色变化的原因。

2. 按本实验操作，滴定 Bi^{3+} 的起始酸度是否超过滴定 Bi^{3+} 的最高酸度？滴定至 Bi^{3+} 的终点时，溶液中酸度为多少？在加入 4mL 200$g \cdot L^{-1}$ 六亚甲基四胺后，溶液 pH 值约为多少？

3. 为什么不用 NaOH，NaAc 或 $NH_3 \cdot H_2O$，而用六亚甲基四胺调节 pH 值到 5～6？

第六章

氧化还原滴定实验

实验一　过氧化氢含量的测定

一、实验目的

1. 了解高锰酸钾标准溶液的配制方法和保存方法。

2. 掌握以 $Na_2C_2O_4$ 为基准物的标定高锰酸钾溶液浓度的方法原理及滴定条件，了解自动催化反应。

3. 掌握用高锰酸钾法测定 H_2O_2 含量的原理和方法。

二、实验原理

1. H_2O_2 分子中有一个过氧键—O—O—，在酸性溶液中它是一个强氧化剂。但遇 $KMnO_4$ 时表现为还原剂。测定过氧化氢的含量时，在稀硫酸溶液中用高锰酸钾标准溶液滴定，其反应式为：

$$5H_2O_2 + 2MnO_4^- + 6H^+ \xlongequal{} 2Mn^{2+} + 5O_2\uparrow + 8H_2O$$

开始时反应速率慢，待 Mn^{2+} 生成后，由于 Mn^{2+} 的催化作用，加快了反应速率，故能顺利地滴定到呈现稳定的微红色为终点，因而称为自动催化反应。稍过量的滴定剂（$2\times10^{-6}mol\cdot L^{-1}$）本身的紫红色即显示终点。

若 H_2O_2 试样中含有乙酰苯胺等稳定剂，则不宜用 $KMnO_4$ 法测定，因为此类物质也消耗 $KMnO_4$。遇此情况应采用碘量法测定。利用 H_2O_2 和 KI 作用，析出 I_2，然后用 $Na_2S_2O_3$ 标准溶液滴定生成的 I_2。

过氧化氢在工业、生物、医药等方面应用很广泛。利用 H_2O_2 的氧化性漂白毛、丝织物；医药上常用它消毒和杀菌；纯 H_2O_2 用作火箭燃料的氧化剂；工业上利用 H_2O_2 的还原性除去氯气；植物体内的过氧化氢酶也能催化 H_2O_2 的分解反应，故在生物上利用此性质测量 H_2O_2 分解所放出来的氧来测量过氧化氢酶的活性。由于过氧化氢有着广泛的应用，常需要测定它的含量。

2. 高锰酸钾是最常用的氧化剂之一。市售的高锰酸钾常含有少量杂质，如硫酸盐、氯化盐及硝酸盐等。因此不能采用直接法配制高锰酸钾标准溶液。用$KMnO_4$配制的溶液要在暗处放置数天，待$KMnO_4$把还原性杂质充分氧化后，再除去生成的MnO_2沉淀，标定其准确浓度。光线和Mn^{2+}、MnO_2等都能促进$KMnO_4$分解。故配好的$KMnO_4$应除尽杂质，并保存于暗处。

$KMnO_4$标准溶液常用还原剂$Na_2C_2O_4$作基准物质来标定。$Na_2C_2O_4$不含结晶水，容易精制。用$Na_2C_2O_4$标定$KMnO_4$溶液的反应如下：

$$2MnO_4^- + 5H_2C_2O_4 + 6H^+ \xlongequal{} 2Mn^{2+} + 10CO_2\uparrow + 8H_2O$$

滴定时可利用MnO_4^-本身的颜色指示滴定终点。

三、主要试剂和仪器

1. $Na_2C_2O_4$基准物质（于105℃干燥2h后备用）。
2. H_2SO_4溶液（$3mol\cdot L^{-1}$）。
3. $KMnO_4$溶液（$0.02mol\cdot L^{-1}$）。
4. $MnSO_4$溶液（$1mol\cdot L^{-1}$）。

四、实验步骤

1. $KMnO_4$溶液的配制

称取$KMnO_4$固体约1.6g溶于500mL水中，盖上表面皿，加热至沸并保持微沸状态1h，冷却后，将溶液在室温条件下放置2～3天后过滤备用。用微孔玻璃漏斗（3号或4号）过滤（或采用石英棉过滤），滤液贮存于棕色试剂瓶中。

2. $KMnO_4$标准溶液的标定

准确称取0.15～0.20g $Na_2C_2O_4$基准物质3份，分别置于250mL锥形瓶中，加入60mL水使之溶解，加入15mL H_2SO_4溶液，水浴加热到75～85℃。趁热用高锰酸钾滴定。开始滴定时反应速率慢，待溶液中产生Mn^{2+}后，滴定速度可加快，直到溶液呈现微红色并保持半分钟不褪色即为终点。

3. H_2O_2含量的测定

用吸量管吸取1.00mL原装H_2O_2置于100mL容量瓶中，加水稀释至刻度，充分摇匀。用移液管移取25.00mL溶液置于250mL锥形瓶中，加35mL水、15mL H_2SO_4溶液，用$KMnO_4$标准溶液滴定至微红色并保持半分钟不褪色即为终点。因H_2O_2与$KMnO_4$溶液开始反应时速率很慢，可加入2～3滴$MnSO_4$溶液（相当于10～13mg Mn^{2+}）为催化剂，以加快反应速率。

五、实验记录与数据处理

1. $KMnO_4$溶液的标定

列表参照相关实验自拟。

2. H_2O_2含量的测定

列表参照相关实验自拟。

六、思考题

1. 用高锰酸钾法测定 H_2O_2时，能否用 HNO_3或 HCl 来控制酸度？

2. 用高锰酸钾法测定 H_2O_2时，为何不能通过加热来加速反应？

3. $KMnO_4$溶液的配制过程中要用微孔玻璃漏斗过滤，试问能否用定量滤纸过滤，为什么？

4. 配制 $KMnO_4$溶液应注意些什么？

实验二　重铬酸钾含量的测定

一、实验目的

1. 掌握间接碘量法测定重铬酸钾含量的方法和原理。
2. 了解淀粉指示剂的作用原理。

二、实验原理

重铬酸钾与碘化物发生的反应如下：

$$6I^- + Cr_2O_7^{2-} + 14H^+ = 3I_2 + 2Cr^{3+} + 7H_2O$$

析出的 I_2 再用 $Na_2S_2O_3$ 标准溶液滴定：

$$I_2 + 2S_2O_3^{2-} = S_4O_6^{2-} + 2I^-$$

根据上述反应及消耗的 $Na_2S_2O_3$ 标准溶液的体积，可以间接计算出重铬酸钾的含量。

试样中重铬酸钾的质量分数可按下式计算：

$$w(K_2Cr_2O_7) = \frac{\frac{1}{6} \times c \times (V - V_0) \times 294.18}{m_s \times 1000} \times 100\%$$

式中　w——重铬酸钾的质量分数。

c——硫代硫酸钠标准溶液的浓度，$mol \cdot L^{-1}$；

V——测定试样所消耗硫代硫酸钠标准溶液的体积，mL；

V_0——空白试验所消耗硫代硫酸钠标准溶液的体积，mL；

m_s——试样的质量，g，取平行测定结果的算术平均值为试样的含量。

三、主要试剂和仪器

1. 硫代硫酸钠标准溶液（$0.1mol \cdot L^{-1}$）。
2. 碘化钾溶液（$200g \cdot L^{-1}$）。
3. 硫酸溶液（$3mol \cdot L^{-1}$）。
4. 淀粉指示剂溶液（$5g \cdot L^{-1}$）：称取 0.5g 可溶性淀粉，加少量的蒸馏水，搅匀，再加入 100mL 沸蒸馏水，搅匀。若需放置可加入少量 HgI_2 或 H_3BO_3 作防腐剂。
5. $K_2Cr_2O_7$ 标准溶液（$0.01667mol \cdot L^{-1}$）。
6. 称量瓶（高型）。
7. 玻璃器皿：量筒、烧杯、碘量瓶、滴管、滴定管。

四、实验步骤

1. 硫代硫酸钠标准溶液的配制与标定

（1）硫代硫酸钠标准溶液的配制　称取12.5g的硫代硫酸钠固体（含5个结晶水），加入约300mL新煮沸冷却的蒸馏水溶解，然后用上述新煮沸冷却的蒸馏水稀释到500mL，贮存于棕色试剂瓶中，加入0.1g的Na_2CO_3固体，使溶液呈微碱性。于暗处放置一周后标定。

（2）重铬酸钾溶液的配制　将重铬酸钾在150～180℃烘干2h，放入干燥器冷却至室温。准确称取基准物质重铬酸钾1.2～1.3g于小烧杯中，加蒸馏水溶解后，定量转移至250mL的容量瓶中，加水稀释至刻度，摇匀，计算$K_2Cr_2O_7$标准溶液的浓度。

（3）硫代硫酸钠标准溶液的标定　准确移取25.00mL的重铬酸钾标准溶液于锥形瓶中，加入10mL硫酸溶液、5mL 200g·L^{-1}碘化钾溶液，摇匀后盖上表面皿，置于暗处5min，待反应完成后，取出用蒸馏水冲洗表面皿和锥形瓶内壁，加入约100mL蒸馏水，用待标定的$Na_2S_2O_3$溶液滴定至呈现浅黄色，加入2mL淀粉溶液，继续滴定至蓝色恰好消失为终点。平行测定3次，计算$c_{Na_2S_2O_3}$。

2. 重铬酸钾含量的测定

称取0.15g试样，精确至0.0001g，置于锥形瓶中，加60mL水溶解，加20mL浓度为3mol·L^{-1}的硫酸溶液及10mL 200g·L^{-1}碘化钾溶液，摇匀后盖上表面皿，置于暗处5min，待反应完成后，取出用蒸馏水冲洗表面皿和锥形瓶内壁，加入约100mL蒸馏水（最好水温不超过10℃），立即用硫代硫酸钠标准溶液滴定至呈现浅黄色，加2mL淀粉指示液，继续滴定至溶液由蓝色变为亮绿色。平行测定3次，同时做空白试验。

五、实验记录与数据处理

1. 硫代硫酸钠标准溶液的标定

列表参照相关实验自拟。

2. 重铬酸钾含量的测定

列表参照相关实验自拟。

六、思考题

1. 实验中锥形瓶上为什么要加盖表面皿？
2. 为什么滴定终点溶液的颜色是亮绿色而不是无色？
3. 废弃的重铬酸钾应如何处置？

实验三 重铬酸钾法测定铁矿石中铁的含量

一、实验目的

1. 掌握 $K_2Cr_2O_7$ 标准溶液的配制及使用。
2. 学习矿石试样的酸溶法。
3. 学习 $K_2Cr_2O_7$ 法测定铁的原理及方法。
4. 了解二苯胺磺酸钠指示剂的作用原理。

二、实验原理

用 HCl 溶液分解铁矿石后，在热 HCl 溶液中，以甲基橙为指示剂，用 $SnCl_2$ 将 Fe^{3+} 还原至 Fe^{2+}，并过量 1～2 滴。经典方法是用 $HgCl_2$ 氧化过量的 $SnCl_2$，除去 Sn^{2+} 的干扰，但 $HgCl_2$ 易造成环境污染，本实验采用无汞定铁法。还原反应为：

$$2FeCl_4^- + SnCl_4^{2-} + 2Cl^- \longrightarrow 2FeCl_4^{2-} + SnCl_6^{2-}$$

使用甲基橙指示 $SnCl_2$ 还原 Fe^{3+} 的原理是：Sn^{2+} 将 Fe^{3+} 还原完后，过量的 Sn^{2+} 可将甲基橙还原为氢化甲基橙而褪色，不仅指示了还原的终点，Sn^{2+} 还能继续使氢化甲基橙还原成 *N*,*N*-二甲基对苯二胺和对氨基苯磺酸，过量的 Sn^{2+} 则可以消除。反应为：

$$(CH_3)_2NC_6H_4N{=}NC_6H_4SO \xrightarrow{2H^+} (CH_3)_2NC_6H_4NH{-}NHC_6H_4SO_3Na$$

$$\xrightarrow{2H^+} (CH_3)_2NC_6H_4NH_2 + NH_2C_6H_4SO_3Na$$

以上反应为不可逆的，因而甲基橙的还原产物不消耗 $K_2Cr_2O_7$。HCl 溶液浓度应控制在 $4mol \cdot L^{-1}$，若大于 $6mol \cdot L^{-1}$，Sn^{2+} 会先将甲基橙还原为无色，无法指示 Fe^{3+} 的还原反应。HCl 溶液浓度低于 $2mol \cdot L^{-1}$，则甲基橙褪色缓慢。滴定反应为：

$$6Fe^{2+} + Cr_2O_7^{2-} + 14H^+ \longrightarrow 6Fe^{3+} + 2Cr^{3+} + 7H_2O$$

滴定突跃范围为 0.93～1.34V，使用二苯胺磺酸钠为指示剂时，由于它的条件电位为 0.85V，因而需加入 H_3PO_4 使滴定生成的 Fe^{3+} 生成 $Fe(HPO_4)_2^-$ 而降低 Fe^{3+}/Fe^{2+} 电对的电位，使突跃范围变成 0.71～1.34V，指示剂可以在此范围内变色，同时也消除了 $FeCl_4^-$ 的黄色对终点观察的干扰，Sb(Ⅴ)，Sb(Ⅲ) 干扰本实验，不应存在。

三、试剂和仪器

1. SnCl 溶液（$100g \cdot L^{-1}$）：10g $SnCl_2 \cdot 2H_2O$ 溶于 40mL 浓热 HCl 溶液中，加水稀释至 100mL。

2. $SnCl_2$溶液（$50g·L^{-1}$）。

3. H_2SO_4，H_3PO_4（硫磷）混酸：将15mL浓H_2SO_4缓慢加至70mL水中，冷却后加入15mL浓H_3PO_4，混匀。

4. 甲基橙溶液（$1g·L^{-1}$）。

5. 二苯胺磺酸钠溶液（$2g·L^{-1}$）。

6. $K_2Cr_2O_7$标准溶液（$0.008339mol·L^{-1}$）：将$K_2Cr_2O_7$在150～180℃干燥2h，置于干燥器冷却至室温。用指定质量称量法准确称取0.6129g $K_2Cr_2O_7$于小烧杯中，加水溶解，定量转移至250mL容量瓶中，加水稀释至刻度，摇匀。

四、实验步骤

准确称取铁矿石粉0.25～0.3g于250mL烧杯中，用少量水润湿，加入10mL浓HCl溶液，盖上表面皿，在通风柜中低温加热分解试样，若有带色不溶残渣，可滴几滴$100g·L^{-1}SnCl_2$助溶。试样分解完全时，残渣应接近白色（SiO_2），用少量水吹洗表面皿及烧杯壁。加热近沸，加入6滴甲基橙，趁热边摇动锥形瓶边逐滴加$100g·L^{-1}SnCl_2$溶液还原Fe^{3+}。当溶液由橙变红，再慢慢滴加$50g·L^{-1}SnCl_2$溶液至溶液变为淡粉色，再摇几下直至粉色褪去。立即流水冷却，加50mL蒸馏水、20mL硫磷混酸、4滴二苯胺磺酸钠溶液，立即用$K_2Cr_2O_7$标准溶液滴定到稳定的紫红色为终点，平行测定3次，计算矿石中铁的含量（质量分数）。

五、实验记录与数据处理

铁矿石中铁的含量测定列表参照相关实验自拟。

六、思考题

1. $K_2Cr_2O_7$为什么可以直接称量配制准确浓度的溶液？

2. 分解铁矿石时，为什么要在低温下进行？如果加热至沸会对结果产生什么影响？

3. $SnCl_2$还原Fe^{3+}的条件是什么？怎样防止$SnCl_2$不过量？

4. 以$K_2Cr_2O_7$溶液滴定Fe^{2+}时，加入H_3PO_4的作用是什么？

5. 本实验中二甲酚橙起什么作用？

实验四　间接碘量法测定胆矾中铜的含量

一、实验目的

1. 掌握间接碘量法测定胆矾中铜含量的原理和方法。
2. 熟悉淀粉指示剂终点颜色判断和近终点时滴定操作控制。

二、实验原理

胆矾（$CuSO_4 \cdot 5H_2O$）是农药波尔多液的主要原料。胆矾中铜的含量常用间接碘量法测定。在微酸性介质中，Cu^{2+}与I^-作用，生成CuI沉淀，并析出I_2，其反应为：

$$2Cu^{2+} + 4I^- \xlongequal{} 2CuI\downarrow + I_2$$

$$I_2 + I^- \xlongequal{} I_3^-$$

Cu^{2+}与I^-间的反应是可逆的，为使Cu^{2+}之间的反应趋于完全，需加入过量的KI，但由于生成的CuI沉淀强烈地吸附I_3^-，又会使结果偏低。欲减少CuI沉淀对I_3^-的吸附，当用$Na_2S_2O_3$滴定I_2接近终点时，可加入KSCN，使CuI转化为溶解度更小的CuSCN沉淀，其反应式为：

$$CuI + SCN^- \xlongequal{} CuSCN\downarrow + I^-$$

CuSCN对I_3^-的吸附较困难，使Cu^{2+}与I^-之间的反应趋于完全。Cu^{2+}与I^-作用生成的I_2用$Na_2S_2O_3$标准溶液滴定，以淀粉为指示剂，滴定至溶液的蓝色刚好消失，即为终点。根据$Na_2S_2O_3$标准溶液的浓度、滴定时所耗用的体积及试样的质量，可计算出试样中铜的含量。

Cu^{2+}与I^-作用时，溶液的pH值一般控制在3～4之间。酸度过低，Cu^{2+}易水解，使反应不完全，结果偏低；酸度过高，I^-易被空气中的氧氧化成I_2，使结果偏高。控制溶液酸度常采用稀H_2SO_4或HAc，而不用HCl，因为Cu^{2+}易与Cl^-生成配离子。

若Fe^{3+}存在时，可发生下列反应：

$$2Fe^{3+} + 2I^- \xlongequal{} 2Fe^{2+} + I_2$$

Fe^{3+}会使测定结果偏高，为消除Fe^{3+}的干扰，可加入NaF或NH_4F，使形成稳定的FeF_6^{3+}。

三、主要试剂和仪器

1. 硫酸溶液（$1mol \cdot L^{-1}$）。
2. KSCN溶液（$100g \cdot L^{-1}$）。
3. KI溶液（$100g \cdot L^{-1}$）。

4. 淀粉溶液（$5g \cdot L^{-1}$）。

5. 重铬酸钾标准溶液（$0.01667mol \cdot L^{-1}$）：配制方法参见本章实验二。

6. $Na_2S_2O_3$溶液（$0.1mol \cdot L^{-1}$）：配制方法参考本章实验二。

四、实验步骤

1. 硫代硫酸钠标准溶液的标定

标定方法参考本章实验二。

2. 胆矾中铜含量的测定

准确称取胆矾试样 0.5～0.6g 于 250mL 锥形瓶，加 3mL $3mol \cdot L^{-1}$ H_2SO_4溶液及 100mL 水。样品溶解后，加入 10mL 饱和 NaF 溶液和 10mL $100g \cdot L^{-1}$ KI 溶液，摇匀后立即用 $Na_2S_2O_3$标准溶液滴定至浅黄色。加入 3mL $5g \cdot L^{-1}$淀粉溶液，继续滴定至溶液呈浅蓝色时，再加入 10mL $100g \cdot L^{-1}$ KSCN 溶液，混匀后溶液的蓝色加深，然后再继续滴定到蓝色刚好消失为止。此时溶液为米色悬浊液，记录滴定所耗用 $Na_2S_2O_3$溶液的体积 V。平行测定 3 次，计算铜的质量分数。

五、实验记录与数据处理

胆矾中铜的含量的测定列表参照相关实验自拟。

六、思考题

1. 测定铜含量时，所加 KI 的量是否要求很准确？

2. 加入 KSCN 的作用何在？为什么 KSCN 要在临近终点前加入？

3. 用碘量法滴定时，酸度和温度对滴定反应有何影响？

实验五　维生素 C 药片中维生素 C 含量的测定

一、实验目的

1. 掌握维生素 C 原料、片剂、泡腾片、颗粒剂、注射液中维生素 C 含量测定的一般方法。

2. 掌握碘滴定法测定这类药物含量的基本操作方法。

二、实验原理

维生素 C 又称抗坏血酸，其分子式为 $C_6H_8O_6$，由于分子之中的烯二醇基具有还原性，在乙酸酸性条件下，可被碘定量氧化。

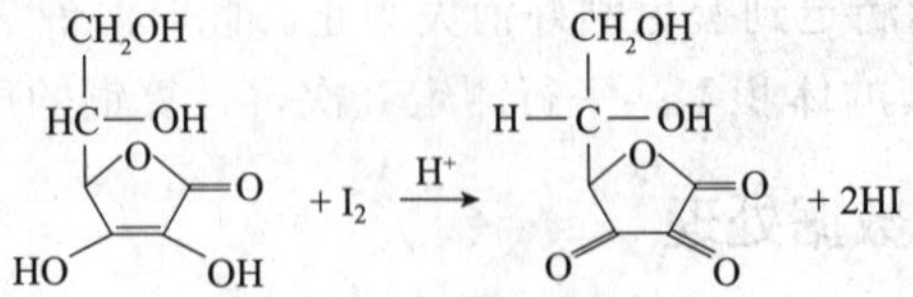

CH$_2$OH　HC—OH　O　O　HO　OH　$+ I_2 \xrightarrow{H^+}$　CH$_2$OH　H—C—OH　O　O　O　O　+ 2HI

维生素 C 与碘定量反应的摩尔比为 1∶1，维生素 C 的摩尔质量为 $176.12g \cdot mol^{-1}$，根据消耗碘标准溶液的体积，可计算维生素 C 的含量。由于维生素 C 的还原性很强，较易被溶液和空气中的氧氧化，在碱性介质中这种氧化作用更强，因此滴定宜在酸性介质中进行，以减少副反应的发生。考虑到 I^- 在强酸性溶液中也易被氧化，故一般选在 pH＝3～4 的弱酸性溶液中进行滴定。

三、主要试剂和仪器

1. I_2 溶液（$0.1mol \cdot L^{-1}$）：称取 3.3g 碘和 5g KI，置于研钵中加入少量水研磨（通风条件下操作），待全部溶解后，将溶液转入棕色试剂瓶中，加水稀释至 250mL，充分摇匀，放暗处保存。

2. $Na_2S_2O_3$ 标准溶液（$0.1mol \cdot L^{-1}$）：配制方法参考本章实验二。

3. 淀粉溶液（$5g \cdot L^{-1}$）：称取 0.5g 可溶性淀粉，用少量水搅匀，加入 100mL 沸水，搅匀。

4. 乙酸（$2mol \cdot L^{-1}$）。

四、实验步骤

1. I_2 溶液的标定

吸取 25.00mL $Na_3S_2O_3$ 标准溶液三份，分别置于 250mL 锥形瓶中，加 50mL 水、2mL 淀粉溶液，用 I_2 溶液滴定至稳定的蓝色，半分钟内不褪色即为终点。计算 I_2 溶液的浓度。

2. 维生素 C 含量的测定

准确称量 0.2g 维生素 C 药片，用新煮沸冷却后的水 100mL 与稀乙酸 10mL 使药片溶解，定量转入 250mL 锥形瓶中，加入 2mL 淀粉溶液，立即用 I_2 标准溶液滴定至呈现稳定的蓝色。平行测定 3 份，计算维生素 C 药片中维生素 C 的含量。

五、实验记录与数据处理

维生素 C 药物含量的测定列表参照相关实验自拟。

六、思考题

1. 样品中加入乙酸的作用是什么？
2. 配制 I_2 溶液时，加入 KI 的目的是什么？
3. 实验中为何要使用新煮沸冷却过的冷水？

第七章

沉淀滴定与重量分析法实验

实验一　生理盐水中氯化钠含量的测定（莫尔法）

一、实验目的

1. 学习 $AgNO_3$ 标准溶液的配制和标定。
2. 掌握利用莫尔法进行沉淀滴定的原理和方法。

二、实验原理

通常对可溶性氯化物中氯含量的测定可采用银量法。银量法是指以生成难溶银盐（如 AgCl、AgBr、AgI 和 AgSCN）的反应为基础的沉淀滴定法，根据所用指示剂的不同，银量法又分为莫尔法、佛尔哈德法和法扬司法。以 K_2CrO_4 为指示剂的银量法称为莫尔法。莫尔法是在中性或弱碱性溶液中，以 K_2CrO_4 为指示剂，用 $AgNO_3$ 标准溶液进行滴定。由于 AgCl 沉淀的溶解度比 Ag_2CrO_4 小，因此，溶液中首先析出 AgCl 沉淀。当 AgCl 定量沉淀后，过量 1 滴 $AgNO_3$ 溶液即与 CrO_4^{2-} 反应生成砖红色 Ag_2CrO_4 沉淀，指示到达终点。主要反应式如下：

$$Ag^+ + Cl^- \longrightarrow AgCl\downarrow \text{（白色）} \qquad K_{sp}=1.8\times10^{-10}$$

$$2Ag^+ + CrO_4^{2-} \longrightarrow Ag_2CrO_4\downarrow \text{（砖红色）} \qquad K_{sp}=2.0\times10^{-12}$$

滴定必须在中性或弱碱性溶液中进行，最适宜的 pH 值范围为 6.5～10.5。如果有铵盐存在，溶液的 pH 值需控制在 6.5～7.2 之间。

指示剂的用量对滴定有影响，一般以 $5\times10^{-3}\,mol\cdot L^{-1}$ 为宜。凡是能与 Ag^+ 生成难溶性化合物或配合物的阴离子都干扰测定。如 PO_4^{3-}、AsO_3^{2-}、SO_3^{2-}、S^{2-}、CO_3^{2-}、$C_2O_4^{2-}$ 等。其中 H_2S 可加热煮沸除去，将 SO_3^{2-} 氧化成 SO_4^{2-} 后不再干扰。大量 Cu^{2+}、Co^{2+}、Ni^{2+} 等有色离子将影响终点观察。凡是能与 CrO_4^{2-} 生成难溶性化合物的阳离子也干扰测定，如 Ba^{2+}、Pb^{2+} 能与 CrO_4^{2-} 分别生成

$BaCrO_4$沉淀和$PbCrO_4$沉淀。Ba^{2+}的干扰可加入过量Na_2SO_4消除。Al^{3+}、Fe^{3+}、Bi^{3+}、Sn^{4+}等高价金属离子在中性或弱碱性溶液中易水解产生沉淀，会干扰测定。应根据实际情况设法避免或消除以上干扰。

三、主要试剂和仪器

1. NaCl 基准试剂：在 500～600℃高温炉中灼烧 0.5h 后，置于干燥器中冷却。也可将 NaCl 置于带盖的瓷坩埚中，加热，并不断搅拌，待爆炸声停止后，继续加热 15min，将坩埚放入干燥器中冷却后使用。

2. $AgNO_3$溶液（$0.1mol \cdot L^{-1}$）：称取 8.5g $AgNO_3$溶解于 500mL 不含 Cl^- 的蒸馏水中，将溶液转入棕色试剂瓶中，置于暗处保存，以防光照分解。

3. K_2CrO_4溶液（$50g \cdot L^{-1}$）。

四、实验步骤

1. $AgNO_3$标准溶液的标定

准确称取 0.5～0.65g NaCl 基准试剂于小烧杯中，用蒸馏水溶解后，转入 100mL 容量瓶中，稀释至刻度，摇匀。

用移液管移取 25.00mL NaCl 溶液注入 250mL 锥形瓶中，加入 25mL 水，用吸量管加入 1mL K_2CrO_4溶液，在不断摇动下，用$AgNO_3$溶液滴定至呈砖红色即为终点。平行标定 3 份。根据所消耗$AgNO_3$的体积和 NaCl 基准物的质量，计算$AgNO_3$的浓度。

2. 试样分析

准确量取生理盐水 7.00mL 于 250mL 锥形瓶中，加水 25mL，用吸量管加入 1mL K_2CrO_4溶液，在充分摇动下，用$AgNO_3$标准溶液滴定至溶液出现砖红色即为终点。平行测定 3 份，计算试样中氯化钠的含量。

实验完毕后，将装$AgNO_3$溶液的滴定管先用蒸馏水冲洗 2～3 次后，再用自来水洗净，以免 AgCl 残留于管内。

五、实验记录与数据处理

1. $AgNO_3$标准溶液的标定

列表参照相关实验自拟。

2. 生理盐水中氯化钠含量的测定

列表参照相关实验自拟。

六、思考题

1. 莫尔法测氯含量时，为什么溶液的 pH 值须控制在 6.5～10.5?

2. 以K_2CrO_4作指示剂时，指示剂浓度过大或过小对测定有何影响?

实验二　二水合氯化钡中钡含量的测定（微波干燥重量法）

一、实验目的

1. 了解重量法测定 $BaCl_2 \cdot 2H_2O$ 中 Ba 含量的原理和方法。
2. 掌握晶型沉淀的制备、过滤、洗涤、干燥及恒重等基本操作技术。
3. 了解微波技术在样品干燥方面的应用。

二、实验原理

Ba^{2+} 能生成一系列难溶化合物，如 $BaCO_3$、BaC_2O_4、$BaCrO_4$ 和 $BaSO_4$ 等，其中以 $BaSO_4$ 的溶解度最小（$K_{sp}=1.1\times10^{-10}$），并且很稳定，其组成与化学式符合，因此，它符合重量分析法对沉淀的要求。所以通常以 $BaSO_4$ 为沉淀形式和称量形式测定 Ba^{2+} 或 SO_4^{2-} 含量。为了得到粗大的 $BaSO_4$ 晶形沉淀，将钡盐溶液用稀 HCl 溶液酸化，加热近沸并在不断搅拌的情况下，缓慢地加入沉淀剂——稀 H_2SO_4 溶液。沉淀经陈化、过滤、洗涤、灼烧（干燥），最后称重，即可求得试样中的 Ba^{2+} 含量。

本实验采用微波炉干燥 $BaSO_4$ 沉淀。与传统的灼烧干燥法相比，可节省 1/3 的实验时间，同时也可节约能源。

使用微波炉干燥 $BaSO_4$ 沉淀时，如果沉淀中包藏有 H_2SO_4 等高沸点杂质，则这些杂质不能在干燥过程中分解或挥发掉（灼烧干燥时可以除掉 H_2SO_4），因此，对沉淀条件和洗涤操作的要求更严格。

三、主要试剂和仪器

1. HCl 溶液（$2mol \cdot L^{-1}$）。
2. H_2SO_4 溶液（$0.50mol \cdot L^{-1}$）。
3. $AgNO_3$ 溶液（$0.1mol \cdot L^{-1}$）。
4. HNO_3 溶液（$2mol \cdot L^{-1}$）。
5. G4 玻璃砂芯坩埚。
6. 淀帚。
7. 循环水真空泵（配抽滤瓶）。
8. 微波炉。

四、 实验步骤

1. 玻璃砂芯坩埚的准备

用水洗净两个坩埚，用真空泵抽 2min，以除掉玻璃砂板微孔中的水分，便于干燥。放进微波炉，于 500W 的输出功率（中高温挡）下进行干燥，第一次干燥 10min，第二次 4min。每次干燥后放入干燥器中冷却 12～15min（刚放入时留一小缝，0.5min 后再盖严），然后在分析天平上快速称量，要求两次干燥后称量所得质量之差不超过 0.4mg（即已恒重）。否则，还要再次干燥 4min，冷却、称量，直至恒重。

2. 沉淀的制备

准确称取 0.4～0.5g $BaCl_2 \cdot 2H_2O$ 试样两份，分别置于 250mL 烧杯中，各加 150mL 水及 3mL HCl 溶液，在水浴锅上用电炉加热至 80℃以上。

在两个小烧杯中各加入 5～6mL 0.50mol·L^{-1} H_2SO_4溶液及 40mL 水，在电炉上加热至近沸。在连续搅拌下，将稀 H_2SO_4溶液逐滴加到热的试液中，沉淀剂加完后，待试液澄清时再加入 2 滴 H_2SO_4溶液，仔细观察是否已沉淀完全。若出现混浊，说明沉淀剂不够，应补加，使 Ba^{2+}沉淀完全。在电炉上陈化 1h，其间要每隔几分钟搅动一次（或盖上表面皿，放置 12h 陈化）。

3. 准备洗涤液

在 100mL 水中加 3～5 滴 H_2SO_4溶液，混匀。

4. 称量形式的获得

$BaSO_4$沉淀冷却后，用倾泻法在已恒重的玻璃坩埚中进行减压过滤。上清液滤完后，用洗涤液将烧杯中的沉淀洗 3 次，每次 15mL 洗涤液，再用水洗 1 次。然后将沉淀转移到坩埚中，用淀帚擦“活”黏附在杯壁上和搅拌棒上的沉淀，再用水冲洗烧杯和玻璃棒，直至沉淀转移完全。最后用水淋洗坩埚内壁及沉淀，直至洗涤液中不含 Cl^- 为止（检验方法：用试管收集 2mL 滤液，加 1 滴 HNO_3溶液酸化，再加入 2 滴 0.1mol·L^{-1} $AgNO_3$溶液，若无白色混浊产生，表示 Cl^- 已洗干净）。继续抽干 2min 以上（至不再产生水雾），将坩埚放入微波炉进行干燥（第一次 10min，第二次 4min），冷却、称量，直至恒重。计算两份固体试样中 Ba 的含量（质量分数）。

五、实验记录与结果分析

表 1 $BaCl_2 \cdot 2H_2O$ 中 Ba 含量的测定

实验项目	1	2
$BaCl_2 \cdot H_2O$ 的质量/g		
（坩埚＋ $BaSO_4$）的质量/g		
空坩埚的质量/g		
$BaSO_4$ 的质量/g		
w(Ba)/%		

六、思考题

1. 沉淀 $BaSO_4$时为什么要在稀溶液中进行？不断搅拌的目的是什么？

2. 为什么沉淀 $BaSO_4$ 时要在热溶液中进行，而在自然冷却后进行过滤？趁热过滤或强制冷却好不好？

3. 洗涤沉淀时，为什么洗涤液要少量且多次使用？

4. 本实验中为什么称取 0.4～0.5g $BaCl_2 \cdot 2H_2O$ 试样？称样过多或过少有什么影响？

第八章

光学分析法实验

第一部分　分子光谱法实验

实验一　邻二氮菲分光光度法测定铁的条件实验和试样中铁含量的测定

一、实验目的

1. 了解分光光度法实验条件的选择。
2. 掌握邻二氮菲分光光度法测定铁的原理和方法。
3. 了解 722 型分光光度计的结构和使用方法。

二、实验原理

在 pH 值 2～9 范围内，低价铁（Fe^{2+}）和邻二氮菲（pHen）的水溶液反应，生成一种很稳定的橙红色配合物，其 $\lg K_{形}=21.3$。此配合物在 508nm 波长处有最大吸收，且遵守朗伯-比尔定律，$\varepsilon=1.1\times10^{4}\,L\cdot mol^{-1}\cdot cm^{-1}$。反应式如下：

$$Fe^{2+}+3\,\text{(phen)} \rightleftharpoons [(\text{phen})_3Fe]^{2+}$$

(橙红色)

Fe^{3+} 与邻二氮菲也能生成 3∶1 的淡蓝色配合物，其 $\lg K_{形}=14.1$。因此，在显色之前应预先用盐酸羟胺（$NH_2OH\cdot HCl$）将 Fe^{3+} 还原成 Fe^{2+}，其反应式如下：

$$2Fe^{3+} + 2(NH_2OH \cdot HCl) = 2Fe^{2+} + N_2\uparrow + 2H_2O + 4H^+ + 2Cl^-$$

测定时，控制溶液的酸度在 pH=5 左右较为适宜。酸度高，反应进行缓慢；酸度太低，则离子水解，影响显色。

本测定方法不仅灵敏度高、稳定性好，而且选择性高。相当于铁量 40 倍的 Sn(Ⅱ)、Al(Ⅲ)、Ca(Ⅱ)、Mg(Ⅱ)、Zn(Ⅱ)、Si(Ⅳ)，20 倍的 Cr(Ⅵ)、V(Ⅴ)、P(Ⅴ)，5 倍的 Co(Ⅱ)、Ni(Ⅱ)、Cu(Ⅱ) 不干扰。

分光光度法测定物质含量时，通常要经过取样、显色及测量等步骤。为了使测定有较高的灵敏度和准确度，必须选择适宜的显色反应条件和测量吸光度的条件。通常研究的显色条件有溶液的酸度、显色剂用量、显色时间、温度、溶剂和共存离子干扰及其消除方法等。测量吸光度的条件主要是测量波长、吸光度范围和参比溶液的选择。

三、主要试剂和仪器

1. 铁标准溶液（$100\mu g \cdot L^{-1}$）。
2. 盐酸羟胺溶液（$100g \cdot L^{-1}$，因其不稳定，需临用时配制）。
3. 邻二氮菲溶液（$1.5g \cdot L^{-1}$）。
4. NaAc 溶液（$1mol \cdot L^{-1}$）。
5. HCl 溶液（$6mol \cdot L^{-1}$）。
6. NaOH 溶液（$1mol \cdot L^{-1}$）。
7. 722 型分光光度计。
8. 精密酸度计或精密 pH 试纸。
9. 50mL 容量瓶。
10. 100mL 容量瓶。
11. 吸量管若干。

四、实验步骤

1. 条件实验

（1）吸收曲线的绘制　准确吸取铁标准溶液 0.0mL 和 1.0mL 分别注入两个 50.00mL 容量瓶中，各加入盐酸羟胺溶液 1.0mL，摇匀；再加入邻二氮菲溶液 2.0mL 和 NaAc 溶液 5.0mL，以水稀释至刻度，摇匀。放置 10min，在 722 型分光光度计上，用 1cm 比色皿，以试剂空白为参比溶液，在 440～560nm 之间，每隔 10nm 测定 1 次吸光度值。然后以波长为横坐标，吸光度 A 为纵坐标，绘制出吸收曲线，从吸收曲线上确定最大吸收波长 λ_{max}。

（2）显色时间　在一个 50.00mL 容量瓶中，准确吸取铁标准溶液 1.0mL、盐酸羟胺溶液 1.0mL，摇匀；再加入邻二氮菲溶液 2.0mL 和 NaAc 溶液 5.0mL，以水稀释至刻度，摇匀。立刻用1cm比色皿，以蒸馏水为参比溶液，在选定波长下测定吸光度。然后依次测量放置5min、10min、30min、60min、90min和120min后的吸光度。以时间为横坐标，吸光度A为纵坐标，绘制A-t关系曲线，得出铁与邻二氮菲显色反应完全所需要的适宜时间。

(3) 显色剂用量　取7个50.00mL容量瓶，各加入铁标准溶液1.0mL、盐酸羟胺溶液1.0mL，摇匀；再分别加入0.3mL、0.5mL、0.8mL、1.0mL、1.5mL、2.0mL、4.0mL邻二氮菲溶液和NaAc溶液5.0mL，以水稀释至刻度，摇匀。放置10min，用1cm比色皿，以蒸馏水为参比溶液，在选定波长下测定各溶液的吸光度。以所取邻二氮菲溶液体积V为横坐标，吸光度A为纵坐标，绘制A-V关系曲线，得出测定铁时显色剂的最适宜用量。

(4) 酸度的范围　取8个50.00mL容量瓶，各加入铁标准溶液1.0mL、盐酸羟胺溶液1.0mL，摇匀；再加入邻二氮菲溶液2.0mL，摇匀。然后分别加入0.0mL、0.2mL、0.5mL、1.0mL、1.5mL、2.0mL、2.5mL和3.0mL $1mol \cdot L^{-1}$ NaOH溶液，以水稀释至刻度，摇匀。放置10min，用1cm比色皿，以蒸馏水为参比溶液，在选定波长下测定各溶液的吸光度。同时，用精密酸度计或精密pH试纸测量各溶液的pH值。以pH值为横坐标，吸光度A为纵坐标，绘制A-pH值关系曲线，得出测定铁的适宜酸度范围。

2. 铁含量的测定

(1) 标准曲线的测绘　用移液管吸取10.0mL $100\mu g \cdot L^{-1}$铁标准溶液于100mL容量瓶中，加入2.0mL $6mol \cdot L^{-1}$ HCl溶液，以水稀释至刻度，摇匀。此铁标准溶液的浓度为$10\mu g \cdot L^{-1}$。

取50.00mL容量瓶若干，编号。分别吸取$10\mu g \cdot L^{-1}$铁标准溶液0.0mL、2.0mL、4.0mL、6.0mL、8.0mL和10.0mL于容量瓶中，然后各加入1.0mL盐酸羟胺溶液，摇匀，再加入邻二氮菲溶液2.0mL和NaAc溶液5.0mL，以水稀释至刻度，摇匀。放置10min，在722型分光光度计上，以1cm比色皿，以试剂空白为参比溶液，在最大波长处，测定各溶液的吸光度。以铁含量为横坐标，吸光度A为纵坐标，绘制出标准曲线。

(2) 未知铁样的测定　吸取未知液5.00mL于50mL容量瓶中，按标准曲线的制作步骤，加入各种试剂，测定吸光度。由标准曲线计算试液中铁的含量。

五、实验记录与结果分析

1. 数据记录

表1　吸收曲线绘制（A-λ）

波长λ/nm	
吸光度A	

表 2 显色剂用量 (*A*-*V*)

编号	1	2	3	4	5	6	7
显色剂用量/mL							
吸光度 *A*							

表 3 溶液酸度影响 (*A*-pH)

编号	1	2	3	4	5	6	7	8
V_{NaOH}/mL								
pH								
吸光度 *A*								

表 4 显色时间影响 (*A*-*t*)

时间/min	
吸光度 *A*	

表 5 标准曲线绘制 (*A*-*c*)

铁的质量浓度/($mg \cdot L^{-1}$)	
吸光度 *A*	

表 6 试样含铁量的测定

编号	1	2	3
吸光度 *A*			
铁的质量浓度/($mg \cdot L^{-1}$)			

2. 绘制曲线

分别绘制①*A*-λ 吸收曲线；②*A*-*t* 曲线；③*A*-*V* 曲线；④*A*-pH 曲线；⑤标准曲线 *A*-*c*。

3. 对上述结果进行分析并作出结论。

六、思考题

1. Fe^{3+} 离子标准溶液在显色前加盐酸羟胺的目的是什么？如测定一般铁盐的总铁量，是否需要加盐酸羟胺？

2. 显色时，加还原剂、缓冲溶液、显色剂的顺序是否可以颠倒？为什么？

3. 制作标准曲线和进行其他条件实验时，加入试剂的顺序能否任意改变？为什么？

4. 吸收曲线与标准曲线有何区别？在实际应用中有何意义？

5. 本实验量取各种试剂时应采用哪种量器量取较为合适？为什么？

6. 怎样用吸光光度法测定水中的总铁含量和亚铁含量？试拟出一简单步骤。

实验二 分光光度法测定混合液中 MnO_4^- 和 Cr^{6+} 的含量

一、实验目的

1. 掌握用分光光度法同时测定混合液中铬和锰的含量。
2. 了解吸光度加和性原理。

二、实验原理

在多组分体系中，如果各组分均有吸收，这时体系的总吸光度等于各组分吸光度之和，也就是吸光度具有加和性。$Cr_2O_7^{2-}$ 和 MnO_4^- 的吸收曲线相互重叠，在进行分光光度法测定时，两组分彼此干扰。根据吸光度加和性原理，可以通过求解下述方程组来分别求出各未知组分的含量。

$$\begin{cases} A_{\lambda_1}^{Cr+Mn}=A_{\lambda_1}^{Cr}+A_{\lambda_1}^{Mn}=\varepsilon_{\lambda_1}^{Cr}c_{Cr}+\varepsilon_{\lambda_1}^{Mn}c_{Mn} \\ A_{\lambda_2}^{Cr+Mn}=A_{\lambda_2}^{Cr}+A_{\lambda_2}^{Mn}=\varepsilon_{\lambda_2}^{Cr}c_{Cr}+\varepsilon_{\lambda_2}^{Mn}c_{Mn} \end{cases}$$

三、主要试剂与仪器

1. $K_2Cr_2O_7$溶液（30 mg·L^{-1}）。
2. $KMnO_4$标准溶液（2.50×10^{-3} mol·L^{-1}）。
3. $K_2Cr_2O_7$标准溶液（6.00×10^{-3} mol·L^{-1}）。
4. 722 型分光光度计。
5. 容量瓶（50mL）。
6. 吸量管（10mL）。
7. 烧杯（150mL）。

四、实验步骤

1. 标准溶液的配制：取 4 个 50mL 容量瓶，分别加入 2.50mL、5.00mL、7.50mL、10.00mL 的浓度为 2.50×10^{-3} mol·L^{-1}的 $KMnO_4$标准溶液；另取 4 个 50mL 容量瓶，分别加入 2.50mL、5.00mL、7.50mL、10.00mL 的浓度为 6.00×10^{-3} mol·L^{-1}的 $K_2Cr_2O_7$标准溶液，均用水稀释至刻度，摇匀。

2. 另取两个 50mL 容量瓶，分别加入未知样溶液 10.00mL，用水稀释至刻度，摇匀。

3. 用 30μg·mL^{-1}的 $K_2Cr_2O_7$溶液来检验吸收池间读数误差，要求各吸收池间透光度之差不超过 0.5%。

4. 取步骤 1 中的 $KMnO_4$ 和 $K_2Cr_2O_7$ 各 1 份，以蒸馏水为参比，在 420～

700nm 进行扫描测试，确定它们测定用吸收波长。

5. 以蒸馏水为参比，分别在 $KMnO_4$ 和 $K_2Cr_2O_7$ 的测定波长处测定各标准溶液及未知样的吸光度。

五、实验记录与数据处理

1. 数据记录

（1）MnO_4^- 和 Cr^{6+} 的吸收曲线参见有关实验自拟。

（2）MnO_4^- 和 Cr^{6+} 的含量的测定表参见有关实验自拟。

2. 结果计算

① 绘制出标准曲线，求出 4 条直线的斜率。

② 计算出未知样中的 Mn^{7+} 和 Cr^{6+} 两种离子的含量（$g \cdot L^{-1}$）。

③ 计算出未知样中的 Mn^{7+} 和 Cr^{6+} 两种离子含量的相对平均偏差。

六、思考题

1. 为什么可以用分光光度法同时测定溶液中铬和锰的含量？
2. 摩尔吸光系数 ε 与哪些因素有关？如何通过实验求得？

实验三　过硫酸铵氧化分光光度法测定黄铜中的微量锰

一、实验目的

1. 学习过硫酸铵氧化分光光度法测定微量锰的基本原理。
2. 掌握并理解参比溶液的作用和选择原则。

二、实验原理

在钢铁、冶金工业中锰作为脱氧剂、脱硫剂，或者用作添加元素而成为合金成分，以增加材料的抗拉力、抗冲击性能以及耐腐蚀性能等，因此在钢铁冶金产品如硅钢铁、硅铁、钛铁、铝合金、黄铜、白铜、氧化锌、氧化锆等生产的质量控制中都有锰含量的测定。

通常是在溶样后，先加入强氧化剂，如 $(NH_4)_2S_2O_8$、KIO_4 等，使微量锰被氧化成 MnO_4^-，然后进行分光光度测定。反应式如下：

$$2Mn^{2+} + 5S_2O_8^{2-} + 8H_2O = 2MnO_4^- + 10SO_4^{2-} + 16H^+$$

$$2Mn^{2+} + 5IO_4^- + 3H_2O = 2MnO_4^- + 5IO_3^- + 6H^+$$

此法虽然灵敏度稍低，但是稳定性好，干扰离子少，操作也简便。

本实验采用过硫酸铵法，为加速氧化反应，一般加入少量 Ag^+ 作催化剂，在 H_3PO_4-HNO_3 溶液中煮沸，将锰氧化。加入磷酸可以防止生成 MnO_2，而且在 Fe(Ⅲ)存在时，H_3PO_4 可与 Fe(Ⅲ) 形成无色络合物，从而消除铁离子颜色对测定的影响。

过硫酸铵法对煮沸时间要求较严格，煮沸时间过长可导致高锰酸分解，但煮沸时间过短，氧化反应不完全，而且产生的小气泡还将影响吸光度的测量。一般是加热煮沸 1～2min，本实验采用加热煮沸保持 1min 的条件。

Ni^{2+}、Co^{2+} 和基体元素 Cu^{2+} 等有色离子对测定有干扰，可通过参比溶液的适当选择而消除其影响。

本法可测锰含量的范围是 0.05%～0.50%。

三、主要试剂和仪器

1. 无锰纯铜。
2. HNO_3 溶液（$7mol \cdot L^{-1}$，优级纯）。
3. H_3PO_4 溶液（$7.5mol \cdot L^{-1}$，优级纯）。
4. $(NH_4)_2S_2O_8$ 溶液（$100g \cdot L^{-1}$）。
5. $AgNO_3$ 溶液（$3g \cdot L^{-1}$）。

6. 锰标准溶液：称取 0.2000g 纯锰（纯度为 99.9%以上），溶于 10mL HNO_3 溶液，煮沸除去氮的氧化物，冷却后定量转移至 1000mL 容量瓶中，用水稀释至刻度，摇匀。所得溶液含锰 200mg·L^{-1}。

7. 722 型分光光度计，容量瓶（100.0mL），吸量管（5.0mL、10mL）。

四、实验步骤

1. 称样量的规定

含锰量在 0.05%～0.20%时，称取试样 0.5000g，若锰含量>0.05%～0.20%时，则称取 0.2000g。

2. 配制标准溶液系列

称取与试样量相当的无锰纯铜 7 份，分别置于 7 个 200mL 烧杯中，各加 5～10mL HNO_3溶液，分解纯铜，煮沸除去氮的氧化物，分别加入锰标准溶液 0mL、1.00mL、1.50mL、3.00mL、4.50mL、6.00mL、7.50mL，然后均加水至 40mL，加入 5mL H_3PO_4、5mL $AgNO_3$溶液、5mL 过硫酸铵溶液，加热煮沸并保持 1min，冷却，分别定量转移至 100mL 容量瓶中，用水稀释至刻度，摇匀。

3. 测绘标准曲线

用 1cm 比色皿，于 520nm 以步骤 2 中加入 0mL 的锰标准溶液为参比，测量其余各溶液的吸光度。

4. 溶样及氧化显色

将称好的黄铜试样置于 200mL 烧杯中，加入 5～10mL HNO_3溶液，盖上表面皿，加热使其溶解，煮沸除去氮的氧化物，洗涤表面皿和烧杯内壁，加水至 40mL，加入 5mL H_3PO_4溶液、5mL $AgNO_3$溶液、5mL 过硫酸铵溶液，加热煮沸保持 1min，冷却，定量转移至 100mL 容量瓶中，用水稀释至刻度，摇匀。

5. 制备试样空白

另称取一份相同量的试样，按步骤 4 操作，但不加过硫酸铵溶液，此溶液作测量时的参比溶液。

6. 测量

用 1cm 比色皿，以试样空白为参比溶液，于 520nm 测量步骤 4 所得试液的吸光度（设为 A_x）。

7. 制备试剂空白

在不加试样的情况下，按步骤 4 操作，并用 1cm 比色皿，以水作参比溶液，在 520nm 测量吸光度（设为 A_0）。

五、实验记录与数据处理

1. 记录测量数据（列表参见有关实验自拟）。

2. 以显色后的 100mL 溶液中锰含量为横坐标，以吸光度为纵坐标，绘制测定锰的标准曲线。

3. 在标准曲线上查出与吸光度 A_x-A_0 相应的锰含量，计算试样中锰的百分含量。

六、思考题

1. 本实验中，为什么需要加入 $AgNO_3$ 溶液？

2. H_3PO_4 在分光光度法测锰中起何作用？

实验四　维生素 B_{12} 针剂的定性分析与定量分析

一、实验目的

1. 掌握紫外可见分光光度计的结构及基本操作。
2. 掌握利用分光光度法进行定性鉴别及定量检测的方法。

二、实验原理

维生素 B_{12} 又称钴胺素，是唯一含金属元素的维生素。自然界中的维生素 B_{12} 都是微生物合成的，高等动植物不能合成维生素 B_{12}。维生素 B_{12} 为浅红色的针状结晶，摩尔质量为 1355.38g·mol^{-1}，分子式为 $C_{63}H_{88}O_{14}N_{14}PCo$，易溶于水和乙醇，在 pH 值 4.5～5.0 的弱酸条件下最稳定，强酸（pH＜2）或碱性溶液中分解，遇热有一定程度破坏，但短时间的高温消毒损失小，遇强光或紫外线易被破坏。

维生素 B_{12} 在（278±1)nm、(361±1)nm 与（550±1)nm 波长处有最大吸收，根据其吸收光谱的形状和最大吸收波长下吸光度的比值，可进行定性鉴定。测量最大吸收波长下的吸光度，可算出供试品浓度。

1. 定性分析

维生素 B_{12} 有 3 个吸收峰，分别位于 278nm、361nm、550nm。A_{361}/A_{278} 应为 1.70～1.88，A_{361}/A_{550} 应为 3.15～3.45 。

2. 定量分析

(1) 吸收系数法　根据朗伯-比尔定律：$A=E_{1cm}^{1\%}bc$，$E_{1cm}^{1\%}$ 称为比吸光系数，单位是 100mL·(g·cm)$^{-1}$。利用上述 361nm 处测定得到的吸收度，按其吸光系数 $E_{1cm}^{1\%}=207$ 计算维生素 B_{12} 含量及标示量百分含量。

(2) 标准曲线法　配制维生素 B_{12} 标准系列，以溶剂为空白，在 361nm 处分别测定吸光度 A。以浓度 c 为横坐标，以吸光度 A 为纵坐标，绘制标准曲线。测定样品于 361nm 处的吸光度，根据标准曲线计算维生素 B_{12} 含量及标示量含量。

三、主要试剂与仪器

1. 维生素 B_{12} 标准液（500μg·mL^{-1}）。
2. 维生素 B_{12} 注射液针剂。
3. 紫外分光光度计，1cm 石英比色皿，25.0mL 容量瓶。

四、实验步骤

1. 定性鉴别

取一支维生素 B_{12} 注射针剂定容于 25.0mL 容量瓶中，将该溶液置于 1cm 比色皿中，在 278nm、361nm、550nm 处分别测定吸光度值。定性鉴定标准为：

$$\frac{E_{1cm}^{1\%}360nm}{E_{1cm}^{1\%}278nm}=\frac{A_{360}}{A_{278}}=1.70\sim1.88$$

$$\frac{E_{1cm}^{1\%}360nm}{E_{1cm}^{1\%}550nm}=\frac{A_{360}}{A_{550}}=3.15\sim3.45$$

2. 定量分析

（1）吸收系数法　同定性鉴定步骤，在 361nm 波长条件下以蒸馏水作为空白测定吸光度，按 $C_{63}H_{88}CoN_{14}O_{14}P$ 的比吸光系数 $E_{1cm}^{1\%}$ 为 207 计算维生素 B_{12} 含量及标示量百分含量。

计算公式：

$$\rho_{(维生素B_{12})}(g\cdot L^{-1})=\frac{A}{E_{1cm}^{1\%}\times10}\times稀释倍数=\frac{A}{207\times10}\times稀释倍数$$

$$标示量百分含量=\frac{\rho_{实测}}{\rho_{标示量}}\times100\%=\frac{\frac{A}{E_{1cm}^{1\%}\times10}\times稀释倍数}{\rho_{标示量}}\times100\%$$

标示量百分含量为 90%～110%时为合格。

（2）标准曲线法　用浓度为 $500\mu g\cdot mL^{-1}$ 的维生素 B_{12} 标准溶液分别在 25.0mL 容量瓶中配制浓度为 $40.0\mu g\cdot mL^{-1}$、$30.0\mu g\cdot mL^{-1}$、$20.0\mu g\cdot mL^{-1}$、$10.0\mu g\cdot mL^{-1}$ 的标准溶液（由同学自己计算应吸取 $500\mu g\cdot mL^{-1}$ 维生素 B_{12} 标准溶液的毫升数），在 361nm 处测定各溶液的吸光度。然后以各标准溶液浓度为横坐标，以相应吸光度为纵坐标，绘制工作曲线。

取一支维生素 B_{12} 注射针剂定容于 25.0mL 容量瓶中，在最大吸收波长处测定其吸光度值，并在标准曲线上查得样品的含量。

$$标示量百分含量=\frac{\rho_{实测}}{\rho_{标示量}}\times100\%$$

五、实验记录与数据处理

1. 记录不同浓度及相应吸光度，绘制工作曲线。
2. 根据样品的吸光度，从工作曲线上查出维生素 B_{12} 注射针剂样品的含量。

六、思考题

1. 实验中，参比溶液是如何选择的？为什么？
2. 吸收系数法与标准曲线法有什么区别？
3. 紫外分光光度计法适用于什么样品的分析？

实验五　紫外分光光度法测定复方新诺明的主要成分

一、实验目的

1. 学习双波长紫外分光光度法消除干扰的原理和波长选择原则。
2. 学习药物片剂的试样制备方法。

二、实验原理

复方磺胺甲噁唑，又名复方新诺明。磺胺甲噁唑（SMZ）和甲氧苄啶（TMP）是复方磺胺甲噁唑片剂中的两个有效成分。由于它们的紫外吸收光谱有大的差别，如图 8-1 所示，选择合适的波长组合，可以不经分离以双波长紫外分光光度法分别测定每一种组分的含量。

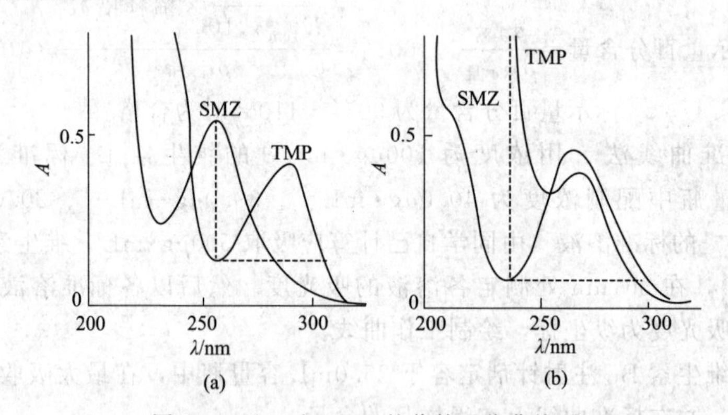

图 8-1　SMZ 和 TMP 的紫外吸收曲线图

测定介质：(a) $0.1mol \cdot L^{-1}$ NaOH 溶液；(b) $0.0075mol \cdot L^{-1}$ HCl-$0.1mol \cdot L^{-1}$ KCl 混合溶液

本实验采用等吸收点双波长消去法测定：以 $0.1mol \cdot L^{-1}$ NaOH 为测定 SMZ 的介质，选择 SMZ 的最大吸收波长 257nm 为测定 SMZ 的波长（λ_1）（图 8-1），在 TMP 的吸收光谱上，选择与 λ_1 吸收相等的波长 304nm 作为参比波长 λ_2，测定混合物在两波长处的吸光度差值 ΔA。由于 TMP 在 λ_1 和 λ_2 处的吸光度值相等，因此，ΔA 中 TMP 的贡献为零，而 SMZ 在 λ_1、λ_2 处的吸光度值不等，因此 $\Delta A=(K_{\lambda_1}-K_{\lambda_2})bc_{SMZ}$，即测得的 ΔA 与 SMZ 的浓度 c_{SMZ} 呈线性关系。根据相同的原理，测定 TMP 时，以 $0.0075mol \cdot L^{-1}$ HCl 和 $0.1mol \cdot L^{-1}$ KCl 混合溶液为介质，选择 239nm 为测定波长 λ_3，295nm 为参比波长 λ_4（图 8-1），此时测得的 ΔA 与 TMP 的浓度呈线性关系。根据 ΔA 与分析物浓度的线性关系，本实验采用单点校正法定量，即

$$c_x=\frac{\Delta A_x}{\Delta A_s}c_s$$

式中，c_s和c_x分别为标准溶液和待测溶液中测定对象的浓度；ΔA_s和ΔA_x分别为标准溶液和待测溶液在测定波长和参比波长处测得的吸光度差值。

三、主要试剂和仪器

1. SMZ 标准储备液（500mol·L^{-1}，乙醇溶液）：准确称取 50mg 在 105℃干燥至恒重的 SMZ 于一小烧杯，用乙醇溶解后转移入 100.0mL 容量瓶，少量乙醇淋洗小烧杯 3 次，淋洗液均转入容量瓶中，最后用乙醇稀释至刻度，摇匀备用。

2. TMP 标准储备液（100mg·L^{-1}，乙醇溶液）：准确称取 10mg 在 105℃干燥至恒重的 TMP 于一小烧杯，用乙醇溶解后转移入 100.0mL 容量瓶，用少量乙醇淋洗小烧杯 3 次，淋洗液均转入容量瓶中，最后用乙醇稀释至刻度，摇匀备用。

3. NaOH 溶液（0.1 mol·L^{-1}）。

4. HCl（0.0075 mol·L^{-1}）和 KCl（0.1mol·L^{-1}）混合溶液。

5. 95%乙醇。

6. 复方磺胺甲噁唑片。

7. 紫外分光光度计；容量瓶 100.0mL 2 只，50.0mL 6 只；移液管 1.0mL、2.0mL 各 3 支。

四、实验步骤

1. 试样制备

取复方磺胺甲噁唑片 10 片，准确称量后计算平均片重。将 10 片药全部置于研钵中研细后，称取药片粉末适量（约相当于 SMZ 50mg、TMP 10mg）于 100mL 容量瓶中，用乙醇定容，摇匀。置于超声发生器的水浴中超声 15min（盖上容量瓶盖，并注意超声过程中不要使容量瓶倾倒）。过滤，弃去最初的 10mL 滤液，收集 50mL 滤液于一干燥的 100.0mL 容量瓶中，盖好塞子，作为供试溶液备用。

2. 磺胺甲噁唑的测定

准确移取上述供试溶液 1.00mL 于 50.0mL 容量瓶，用 0.1mol·L^{-1}的 NaOH 溶液稀释至刻度，摇匀，作为 SMZ 待测溶液。

准确移取 SMZ 标准储备液、TMP 标准储备液各 1.00mL 分别于两只 50mL 容量瓶，用 0.1mol·L^{-1}的 NaOH 溶液稀释至刻度，摇匀，分别作为 SMZ 标准对照溶液Ⅰ和 TMP 标准对照溶液Ⅰ。

将 TMP 标准对照溶液Ⅰ置于石英比色皿中，用 0.1mol·L^{-1}的 NaOH 溶液作参比，以 257nm 为测定波长（λ_1），在 304nm 波长附近，每间隔 0.2nm 选择等吸收点波长（λ_2），要求$\Delta A_s^{TMP}=A_{s,\lambda_1}^{TMP}-A_{s,\lambda_2}^{TMP}=0$。然后，将 SMZ 标准对照溶液Ⅰ置于石英比色皿中，分别在λ_1、λ_2处测定吸光度，求 SMZ 标准对照溶液Ⅰ在两波长处的吸光度差值：

$$\Delta A_s^{SMZ}=A_{s,\lambda_1}^{SMZ}-A_{s,\lambda_2}^{SMZ}$$

同法测得片剂待测溶液Ⅰ在两波长处的吸光度差值 $\Delta A_x = A_{x,\lambda_1} - A_{x,\lambda_2}$，用下式求得片剂中 SMZ 的含量（mg/片）：

$$x_{SMZ} = \frac{\Delta A_x^{SMZ} \times \rho_s^{SMZ} \times 50 \times m_0}{\Delta A_s^{SMZ} \times 1000 \times m}$$

式中，ρ_s^{SMZ} 为 SMZ 标准对照溶液Ⅰ中 SMZ 的质量浓度，$mg \cdot L^{-1}$；m_0 和 m 分别为平均片重和制备供试液时所称的粉末试样量，g。

3. 甲氧苄啶含量的测定

准确移取上述供试溶液 2.00mL 于 50mL 容量瓶，用 $0.0075mol \cdot L^{-1}$ HCl 和 $0.1mol \cdot L^{-1}$ KCl 混合溶液稀释至刻度，摇匀，作为待测溶液。准确移取 SMZ 标准储备液、TMP 标准储备液各 2.0mL 分别于两只 50mL 容量瓶中，用 $0.0075mol \cdot L^{-1}$ HCl 和 $0.1mol \cdot L^{-1}$ KCl 混合溶液稀释至刻度，摇匀，作为 SMZ 标准对照溶液Ⅱ和 TMP 标准对照溶液Ⅱ。

将 SMZ 标准对照溶液Ⅱ置于石英比色皿中，用 $0.0075mol \cdot L^{-1}$ HCl 和 $0.1mol \cdot L^{-1}$ KCl 混合溶液作参比，以 239nm 为测定波长（λ_3），在 295nm 附近，每间隔 0.2nm 选择等吸收点波长（λ_4），要求 $\Delta A_s^{SMZ} = A_{s,\lambda_3}^{SMZ} - A_{s,\lambda_4}^{SMZ} = 0$ 然后将 TMP 标准对照溶液Ⅱ置于石英比色皿中，分别在 λ_3 和 λ_4 处测定吸光度，求出 TMP 标准对照溶液Ⅱ在两波长处的吸光度差值：

$$\Delta A_s^{TMP} = A_{s,\lambda_3}^{TMP} - A_{s,\lambda_4}^{TMP}$$

同法测得片剂待测溶液Ⅱ在两波长处的吸光度差值 $\Delta A_x = A_{x,\lambda_3} - A_{x,\lambda_4}$，用下式求得片剂中 TMP 的含量（mg/片）。

$$x_{TMP} = \frac{\Delta A_x^{TMP} \times \rho_s^{TMP} \times 50 \times m_0}{\Delta A_s^{TMP} \times 1000 \times m} \times \frac{1}{2}$$

式中，ρ_s^{TMZ} 为 TMP 标准对照溶液Ⅱ中 TMP 的质量浓度，$mg \cdot mL^{-1}$；m_0 和 m 的意义同上式。

五、实验记录与数据处理

1. 磺胺甲噁唑的测定（实验数据记录表自拟）。

2. 甲氧苄啶含量的测定（实验数据记录表自拟）。

六、思考题

1. 在选择测定波长和参比波长时，除了应使干扰组分 $\Delta A = A_{\lambda_1} - A_{\lambda_2} = 0$ 以外，对于测定组分来说，应注意什么？

2. 为什么在制备供试液时要混匀后再称少量粉末而不是 1 片复方磺胺甲噁唑片剂研成粉末后直接制备？

实验六　紫外差值光谱法测定废水中的微量酚

一、实验目的

1. 了解紫外可见分光光度计的操作方法。
2. 掌握紫外差值光谱法测定废水中微量酚的基本原理。

二、实验原理

苯酚在紫外区有两个吸收峰，在中性溶液中 λ_{max} 为 210nm 和 270nm，在碱性溶液中，由于形成酚盐，而使该吸收峰红移至 235nm 和 288nm。所谓差值光谱就是指这两种吸收光谱相减而得到的光谱曲线。实验中只要把苯酚的碱性溶液放在样品光路上，把中性溶液放在参比光路上，即可直接绘出差值光谱。

在苯酚的差值光谱图上，选择 288nm 为测定波长，在该波长下，溶液的吸光度随苯酚浓度的变化呈良好的线性关系，遵循朗伯-比耳定律，即 $\Delta A = \Delta\varepsilon cl$，可用于苯酚的定量分析。差值光谱法用于定量分析，可消除试样中某些杂质的干扰，简化分析过程，实现废水中的微量酚的直接测定。

三、主要试剂和仪器

1. KOH 溶液（0.1mol·L^{-1}）。
2. 苯酚标准溶液（0.2500g·L^{-1}）。
3. 紫外可见分光光度计，1cm 厚石英比色吸收池 2 个，25mL 容量瓶。

四、实验步骤

1. 确定测定波长

以蒸馏水作参比，分别绘制苯酚在中性溶液和碱性溶液中的吸收曲线。然后，将苯酚的中性溶液和碱性溶液分别放置在参比光路和样品光路中，绘制二者的差值光谱曲线，根据该差值光谱曲线，确定其测定波长。

2. 绘制标准曲线

用移液管分别移取苯酚标准溶液 1.0mL、1.5mL、2.0mL、2.5mL、3.0mL 于 5 个 25mL 的容量瓶中，另取同样体积苯酚标准溶液于另 5 个 25mL 容量瓶中，分别用水和 0.1mol·L^{-1} KOH 溶液稀释至刻度（共需 10 个 25mL 容量瓶）。每对容量瓶所对应的溶液浓度分别是 10mg·L^{-1}、15mg·L^{-1}、20mg·L^{-1}、25mg·L^{-1}、30mg·L^{-1}。每对苯酚标准溶液中的苯酚浓度相同，只是稀释溶剂不同。在测定波长下，把碱性溶液稀释的标准溶液放在样品光路上，把中性溶液稀释的标准溶液放在参比光路上，测定吸光度差值。

3. 测量未知样品中苯酚含量

用移液管分别移取含苯酚水样 10mL 于 2 个 25mL 容量瓶中，分别用水和 0.1mol·L^{-1} KOH 溶液稀释至刻度。在测定波长下，把碱性溶液稀释的待测试样放在样品光路上，把中性溶液稀释的待测试样放在参比光路上，测定吸光度差值。

五、实验记录与数据处理

1. 用实验步骤 2 中测得的吸光度差值，绘制吸光度-浓度曲线，计算回归方程。

2. 用吸光度-浓度曲线或回归方程，计算水样中的苯酚含量（mg·L^{-1}）。

六、思考题

1. 苯酚的差值光谱图中有 235nm 和 288nm 两个吸收峰，为何选 288nm 作为测定波长？

2. 本实验所用的差值光谱法和示差分光光度法有何不同？

实验七 红外光谱法测定简单有机化合物的结构

一、实验目的

1. 了解运用红外光谱法鉴定未知物的一般过程。
2. 熟悉用标准谱库进行化合物鉴定的一般方法。
3. 了解红外光谱仪的结构和原理，掌握红外光谱仪的操作方法。

二、实验原理

比较在相同制样和测定条件下，结构简单的被分析样品和标准化合物的红外光谱图。若吸收峰的位置、吸收峰的数目和吸收峰的相对强度完全一致，则可以认为两者是同一化合物。

三、主要试剂和仪器

1. 溴化钾（分析纯）。
2. 四氯化碳（分析纯）。
3. 已知分子式的未知试样：C_8H_{10}，$C_4H_{10}O$，$C_4H_8O_2$，$C_7H_6O_2$。

四、实验步骤

1. 压片法

取1～2mg的未知试样粉末，与200mg干燥的溴化钾粉末（颗粒大小在2μm左右）在玛瑙研钵中混匀后压片，测绘红外谱图，进行谱图处理（基线校正、平滑、ABEX扩张、归一化），谱图检索，确认其化学结构。

2. 液膜法

取1～2滴一定浓度的未知试样——四氯化碳溶液，滴加在两个溴化钾晶片之间，用夹具轻轻夹住，测绘红外谱图，进行谱图处理（基线校正、平滑、ABEX扩张、归一化），谱图检索，确认其化学结构。

五、实验记录与数据处理

1. 在测得的谱图上标出所有吸收峰的波数位置。
2. 对确定的化合物，列出主要吸收峰并指认归属。

六、思考题

1. 区分饱和烃和不饱和烃的主要标志是什么？
2. 羰基化合物谱图的主要特征是什么？
3. 芳香烃的特征吸收峰在什么位置？

实验八 红外光谱法测定苯甲酸、水杨酸、苯甲酸乙酯和未知物

一、实验目的

1. 了解苯甲酸、水杨酸、苯甲酸乙酯的红外光谱特征，通过实验掌握有机化合物的红外光谱鉴定方法。

2. 练习用 KBr 压片法和和液膜法制备样品的方法。

3. 了解红外光谱仪的结构，熟悉红外光谱仪的操作方法。

二、实验原理

红外吸收光谱是用红外光照射试样，测定分子中由偶极矩变化引起的振动产生的吸收所得到的光谱。红外光谱用于定性分析时，通常先找出基团和骨架结构引起的吸收，然后与化合物的标准图谱进行对照，得出结论。

为了便于图谱的解析，通常把红外光谱分为两个区域，即官能团区和指纹区。波数 $4000\sim1400cm^{-1}$ 的频率范围为官能团区，产生的吸收主要是由分子的伸缩振动引起的，常见的官能团在这个区域一般都有特定的吸收峰；低于 $1400cm^{-1}$ 的区域称为指纹区，其间吸收峰的数目较多，是由化学键的弯曲振动和部分单键的伸缩振动引起的，吸收带的位置和强度随化合物而异，如同人彼此有不同的指纹一样，许多结构类似的化合物，在指纹区仍可找到它们之间的差异，因此，指纹区对鉴定化合物起着非常重要的作用。

一些常见官能团和化学键的特征吸收频率，请参阅仪器分析教材及相关的手册。

分析红外光谱的顺序是先官能团区，后指纹区；先高频区，后低频区；先强峰，后弱峰。即先在官能团区找出最强峰的归属，然后在指纹区找出相关峰。对许多官能团来说，往往不是一个而是一组彼此相关的峰，就是说，除了“主证”，还需有“佐证”，才能证实其存在。

目前已知的化合物的红外光谱图已陆续汇集成册，给鉴定未知物带来了极大的方便。若未知物和某已知物有完全相同的红外光谱，则未知物的结构就确定了。

单核芳烃 C═C 骨架振动吸收出现在 $1500\sim1450cm^{-1}$ 和 $1600\sim1580cm^{-1}$，这是鉴定有无芳环的重要标志。一般 $1600cm^{-1}$ 峰较弱，而 $1500cm^{-1}$ 峰较强，但苯环上的取代情况会使这两个峰发生位移。若在 $2000\sim1700cm^{-1}$ 之间有锯齿状的倍频吸收峰，是确定单取代苯的重要旁证。羧酸中羰基 C═O 的振动吸收出现在 $1690cm^{-1}$，羧基的 O—H 缔合伸缩振动吸收为 $3200\sim2500cm^{-1}$ 区域的宽吸收峰。

本实验将通过测定苯甲酸、水杨酸、苯甲酸乙酯及未知物的红外光谱，根据它们的红外光谱特征鉴定未知物是苯甲酸、水杨酸还是苯甲酸乙酯。苯甲酸、水杨酸和苯甲酸乙酯的红外光谱见图 8-2～图 8-4。

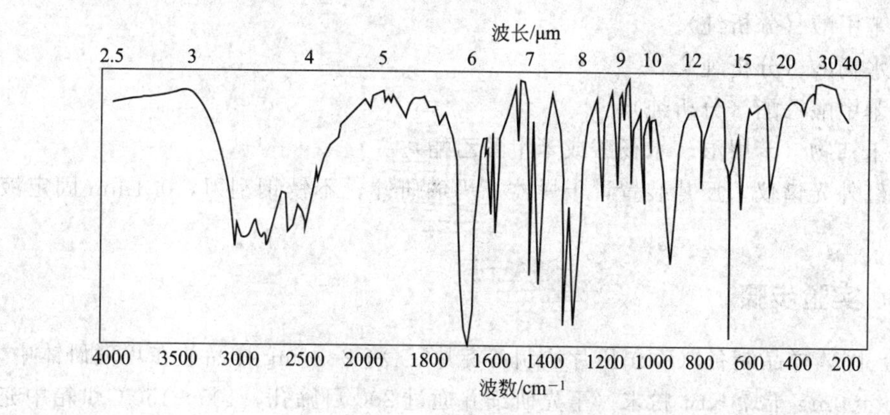

图 8-2 苯甲酸红外光谱图

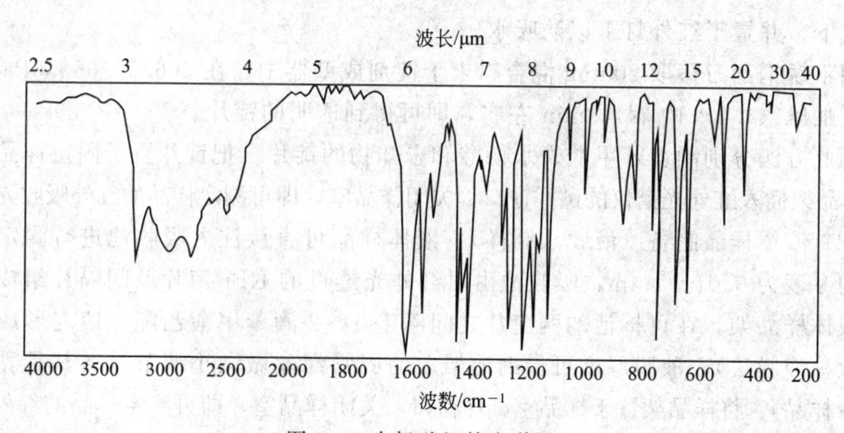

图 8-3 水杨酸红外光谱图

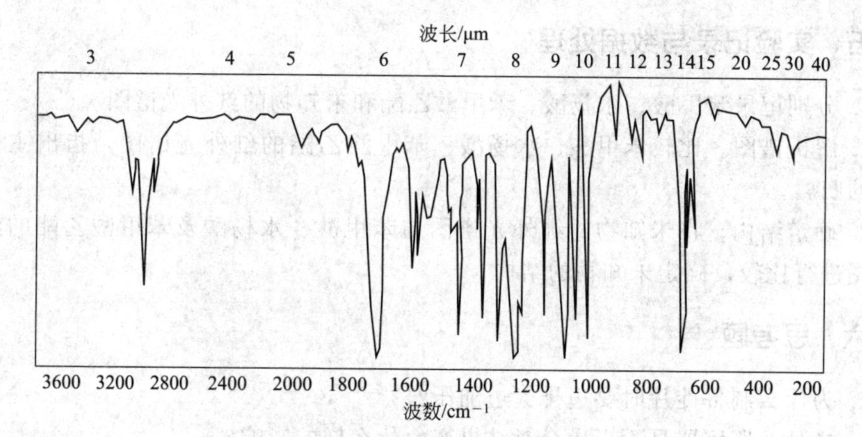

图 8-4 苯甲酸乙酯红外光谱图

三、主要试剂和仪器

1. KBr 粉末（分析纯）。

2. 苯甲酸（分析纯）。

3. 水杨酸（分析纯）。

4. 苯甲酸乙酯（分析纯）。

5. 未知物（苯甲酸、水杨酸或苯甲酸乙酯）。

6. 红外光谱仪，压片装置，干燥器，玛瑙研钵，不锈钢刮刀，0.1mm 固定液体槽。

四、实验步骤

（1）固体样品制备（KBr 压片法制备锭片） 将 2～4mg 样品放在玛瑙研钵中，加 200～400mg 干燥 KBr 粉末（事先研细并通过 200 目筛孔，105～150℃烘箱中充分烘干，储存在干燥器中），混合研磨均匀，使其粒度在 2.5μm（通过 250 目筛孔）以下，并置于红外灯下以防吸水。

用不锈钢刮刀移取 200mg 混合粉末于锭剂成型器中，在 266.6～666.6Pa 的真空下，加压（1.2×10^5N）5min 左右，即可得到透明的锭片。

用此方法分别制得苯甲酸、水杨酸和未知物的锭片。把锭片置于固定样品架子上，样品架插入红外光谱仪的试样窗口，关闭样品室，即可测定样品的红外吸收光谱。

（2）液体样品制备（液膜法制样） 液体样品可直接注入吸收池进行测定。吸收池的厚度为 0.01～1mm，吸收池由对红外光透过的 KBr 窗片及间隔片组成。先装好液体样品架，在可拆池的两窗片之间滴上 1～2 滴苯甲酸乙酯，使之形成一液膜（故称液膜法），液膜厚度可借助池架上的固紧螺丝做微小调节（尤其是黏稠性的液体样品）。将样品架置于样品室试样窗口，关闭样品室，即可测定样品的红外吸收光谱。

五、实验记录与数据处理

1. 分别记录苯甲酸、水杨酸、苯甲酸乙酯和未知物的红外光谱图。

2. 解析谱图。比较苯甲酸、水杨酸、苯甲酸乙酯的红外光谱图，指出主要吸收峰的归属。

3. 确定结构。将未知物的红外光谱图与苯甲酸、水杨酸及苯甲酸乙酯的红外光谱图进行比较，确定未知物的结构。

六、思考题

1. 为什么制备锭片时要边排气边加压？

2. 样品及所用器具不干燥会对结果产生什么样的影响？

第二部分　原子光谱法实验

实验九　原子吸收分光光度法测定自来水中钙、镁的含量

一、实验目的

1. 学习原子吸收分光光度法的基本原理。
2. 了解原子吸收分光光度计的基本结构及其操作方法。
3. 掌握应用标准曲线法测定自来水中钙、镁的含量。

二、实验原理

原子吸收分光光度法是基于从光源中辐射出的待测元素的特征谱线通过试样的原子蒸气时，被蒸气中待测元素的基态原子所吸收而强度减弱。在一定的测定条件和浓度范围，该特征谱线光强度被吸收的程度，与试液待测元素的浓度成正比，即符合吸收定律：

$$A = abc$$

式中，A 为吸光度；a 为被测元素对某一波长光的吸收系数；b 为光束经过火焰的长度；c 为被测元素的浓度。这也是原子吸收分光光度法定量分析的依据。

标准曲线法是原子吸收分光光度分析中的定量方法之一，常用于未知试液中共存的基体成分较为简单的情况。如果溶液中共存基体成分比较复杂，则应在标准溶液中加入相同类型和相同浓度的基体成分，以消除或减少基体效应带来的干扰。

本实验采用标准曲线法测定水中的钙、镁含量，即配制已知浓度的标准溶液系列，在一定的仪器条件下，依次测定其吸光度，分别绘制成浓度-吸光度标准曲线。试样经适当处理后，在与测量标准曲线吸光度相同的实验条件下测量其吸光度，在标准曲线上即可查出试样溶液中被测元素的含量，然后计算原始试样中被测元素的含量。

三、主要试剂和仪器

1. 金属镁或碳酸镁（优级纯）。
2. 无水碳酸钙（优级纯）。
3. 浓盐酸（优级纯）。

4. 盐酸溶液（$1mol \cdot L^{-1}$）。

5. Z-2000 原子吸收分光光度计，钙、镁空心阴极灯，无油空气压缩机或空气钢瓶，乙炔钢瓶。

四、实验步骤

1. 配制标准储备液

(1) 钙标准储备液（$1000\mu g \cdot mL^{-1}$） 准确称取已在110℃下烘干2h的无水碳酸钙0.6250g于100mL烧杯中，用少量纯水润湿，盖上表面皿，滴加$1mol \cdot L^{-1}$ HCl溶液，直至完全溶解，然后把溶液转移到250mL容量瓶中，用水稀释到刻度，摇匀备用。

(2) 钙标准使用液（$100\mu g \cdot mL^{-1}$） 准确吸取10mL上述钙标准储备液于100mL容量瓶中，用水稀释至刻度，摇匀备用。

(3) 镁标准储备液（$1000\mu g \cdot mL^{-1}$） 准确称取金属镁0.2500g于100mL烧杯中，盖上表面皿，滴加5mL $1mol \cdot L^{-1}$ HCl溶液溶解，然后把溶液转移到250mL容量瓶中，用水稀释到刻度，摇匀备用。

(4) 镁标准使用液（$50\mu g \cdot mL^{-1}$） 准确吸取5mL上述镁标准储备液于100mL容量瓶中，用水稀释至刻度，摇匀备用。

2. 配制标准溶液系列

(1) 钙标准溶液系列 准确吸取2.00mL、4.00mL、6.00mL、8.00mL、10.00mL上述钙标准使用液，分别置于5只25mL容量瓶中，用水稀释至刻度，摇匀备用。该标准溶液系列钙的浓度分别为$8.00\mu g \cdot mL^{-1}$、$16.0\mu g \cdot mL^{-1}$、$24.0\mu g \cdot mL^{-1}$、$32.0\mu g \cdot mL^{-1}$、$40.0\mu g \cdot mL^{-1}$。

(2) 镁标准溶液系列 准确吸取1.00mL、2.00mL、3.00mL、4.00mL、5.00mL上述镁标准使用液，分别置于5只25mL容量瓶中，用水稀释至刻度，摇匀备用。该标准溶液系列镁的浓度分别为$2.0\mu g \cdot mL^{-1}$、$4.0\mu g \cdot mL^{-1}$、$6.0\mu g \cdot mL^{-1}$、$8.0\mu g \cdot mL^{-1}$、$10.0\mu g \cdot mL^{-1}$。

3. 配制自来水样溶液

准确吸取适量（视未知钙、镁的浓度而定）自来水置于25mL容量瓶中，用水稀释至刻度，摇匀。

4. 仪器操作条件的设置

按“Z-2000原子吸收分光光度计”仪器的操作步骤打开仪器电源开关，在工作站上设置分析条件，如波长、狭缝、标样个数及浓度，样品数，读数次数等参数。开动仪器，待电路和气路系统达到稳定，记录基线平直时，即可进样。测定各标准溶液系列溶液的吸光度。

5. 测定钙、镁的吸光度

在相同的实验条件下，分别测定自来水样溶液中钙、镁的吸光度。

五、实验记录与数据处理

1. 列表记录测量钙、镁标准溶液系列溶液的吸光度和试样溶液的吸光度。

2. 以吸光度为纵坐标，以标准溶液系列浓度为横坐标，绘制标准曲线。

3. 根据水样溶液的吸光度从标准曲线上查得水样中钙、镁的浓度。若经稀释需乘上倍数求得原始自来水中的钙、镁含量。

六、思考题

1. 简述原子吸收分光光度分析的基本原理。

2. 原子吸收分光光度分析为何要用待测元素的空心阴极灯作光源？能否用氢灯或钨灯代替，为什么？

3. 如何选择最佳的实验条件？

实验十　原子吸收分光光度法测定黄酒中铜和镉的含量

一、实验目的

1. 学习应用标准加入法进行定量分析。
2. 掌握黄酒中有机物质的消化方法。
3. 熟悉原子吸收分光光度计的基本操作。

二、实验原理

在试样中基体成分不能准确知道，或是十分复杂的情况下，不能使用标准曲线法，则可采用另一种定量方法即标准加入法，其测定过程和原理如下：取等体积的试液两份，分别置于相同容积的两只容量瓶中，其中一只加入一定量待测元素的标准溶液，分别用水稀释至刻度，摇匀，分别测定其吸光度，则：

$$A_x = kc_x$$
$$A_0 = k(c_0 + c_x)$$

式中，c_x为待测元素的浓度；c_0为加入标准溶液后溶液浓度的增量；A_x、A_0分别为两次测量的吸光度，将以上两式整理得：

$$c_x = \frac{A_x}{A_0 - A_x} c_0$$

在实际测定中，采取作图法所得结果更为准确。一般吸取四份等体积试液置于四只等容积的容量瓶中，从第二只容量瓶开始，分别按比例递增加入待测元素的标准镕液，然后用溶剂稀释至刻度，摇匀，分别测定溶液 c_x、c_x+c_0、c_x+2c_0、c_x+3c_0的吸光度为A_x、A_1、A_2、A_3，再以吸光度 A 对待测元素标准溶液的加入量作图，得图 8-5 所示的直线，其纵轴上的截距 A_x为只含试样 c_x的吸光度，延长直线与横坐标轴相交于 c_x，即为所要测定的试样中该元素的浓度。在使用标准加入法时应注意以下问题：

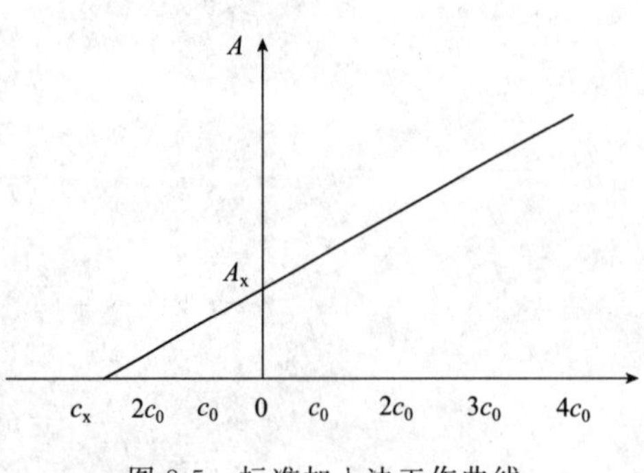

图 8-5　标准加入法工作曲线

① 为了得到较为准确的外推结果，至少要配制四种不同比例加入量的待测元素标准溶液，以提高测量准确度。

② 绘制的工作曲线斜率不能太小，否则外延后将引入较大误差，为此应使一次加入量 c_0与未知量 c_x 尽量接近。

③ 本法能消除基体效应带来的干扰，不能消除背景吸收带来的干扰。

④ 待测元素的浓度与对应的吸光度应呈线性关系，即绘制的工作曲线应呈直线，而且当 c_x 不存在时，工作曲线应该通过零点。

采用原子吸收分光光度分析，测定有机金属化合物中的金属元素或生物材料和溶液中含大量有机溶剂时，由于有机化合物在火焰中燃烧，将改变火焰的性质、温度、组成等，并且还经常在火焰中生成未燃尽的碳的微细颗粒，影响光的吸收，因此一般预先以湿法消化或干法灰化的方法予以除去。湿法消化是使用强氧化性酸如 HNO_3、H_2SO_4、$HClO_4$ 等与有机化合物溶液共沸，使有机化合物分解除去。干法灰化是在高温下灰化、灼烧，使有机物质被空气中的氧气所氧化而破坏。本实验采用湿法消化黄酒中的有机物质。

三、主要试剂和仪器

1. 金属铜（优级纯）。
2. 金属镉（优级纯）。
3. 浓盐酸（分析纯）。
4. 浓硝酸（分析纯）。
5. 浓硫酸（分析纯）。
6. HCl 溶液（$6mol \cdot L^{-1}$ 和 $30g \cdot L^{-1}$）。
7. HNO_3 溶液（$7mol \cdot L^{-1}$ 和 $60g \cdot L^{-1}$）。
8. Z-2000 原子吸收分光光度计，无油空气压缩机，乙炔钢瓶。

四、实验步骤

1. 标准溶液的配制

（1）铜标准储备液（$1000\mu g \cdot mL^{-1}$）　准确称取 0.5000g 金属铜于 100mL 烧杯中，加入 10mL 浓硝酸溶解，然后转移到 500mL 容量瓶中，用 1∶100 HNO_3 溶液稀释至刻度，摇匀备用。

（2）铜标准使用液（$100\mu g \cdot mL^{-1}$）　吸取上述铜标准储备液 10mL 于 100mL 容量瓶中，用 1∶100 HNO_3 溶液稀释至刻度，摇匀备用。

（3）镉标准储备液（$1000\mu g \cdot mL^{-1}$）　准确称取 0.5000g 金属镉于 100mL 烧杯中，加入 10mL 1∶1 HCl 溶液溶解，转移至 500mL 容量瓶中，用 1∶100 HCl 溶液稀释至刻度，摇匀备用。

（4）镉标准使用液（$10\mu g \cdot mL^{-1}$）　准确吸取 1mL 上述镉标准储备液于 100mL 容量瓶中，然后用 1∶100 HCl 溶液稀释至刻度，摇匀备用。

2. 标准溶液系列的配制

（1）铜标准溶液系列　取 5 只 100mL 容量瓶，各加入 10mL 黄酒消化液，然后分别加入 0.00mL、1.00mL、2.00mL、3.00mL、4.00mL 上述铜标准使用液，再用水稀释至刻度，摇匀，该系列溶液加入的铜浓度分别为 $0.00\mu g \cdot mL^{-1}$、

$2.00\mu g \cdot mL^{-1}$、$4.00\mu g \cdot mL^{-1}$、$6.00\mu g \cdot mL^{-1}$、$8.00\mu g \cdot mL^{-1}$。

(2) 镉标准溶液系列　取5只100mL容量瓶，各加入10mL黄酒消化液，然后分别加入0.00mL、2.00mL、3.00mL、4.00mL、6.00mL镉标准使用液，再用水稀释至刻度，摇匀，该系列溶液加入的镉浓度分别为$0.00\mu g \cdot mL^{-1}$、$0.20\mu g \cdot mL^{-1}$、$0.30\mu g \cdot mL^{-1}$、$0.40\mu g \cdot mL^{-1}$、$0.60\mu g \cdot mL^{-1}$。

3. 黄酒试样的消化

量取100mL黄酒试样于250mL高筒烧杯中，加热蒸发至浆液状，慢慢加入10mL浓硫酸，搅拌，加热消化。若一次消化不完全，可再加入20mL浓硫酸继续消化。然后加入10mL浓硝酸，加热，若溶液呈黑色，再加入5mL浓硝酸，继续加热，如此反复直至溶液呈淡黄色，此时黄酒中的有机物质全部被消化完，将消化液转移到150mL容量瓶中，并用去离子水稀释至刻度，摇匀备用。

4. 仪器准备及测定

按"Z-2000原子吸收分光光度计"仪器的操作步骤打开仪器电源开关，在工作站上设置分析条件，如波长、狭缝、标样个数及浓度、样品数、读数次数等参数。开动仪器，待电路和气路系统达到稳定，记录基线平直时，即可进样，测定铜、镉标准溶液系列的吸光度。

五、实验记录与数据处理

1. 列表记录测量的铜、镉标准系列溶液的吸光度，然后以吸光度为纵坐标，铜、镉标准系列加入浓度为横坐标，绘制铜、镉的工作曲线。

2. 延长铜、镉工作曲线与浓度轴相交，交点c_x，根据求得的c_x分别计算黄酒消化液中铜、镉的浓度（$\mu g \cdot mL^{-1}$）。

3. 根据黄酒试液被稀释情况，计算黄酒中铜、镉的含量。

六、思考题

1. 采用标准加入法进行定量分析应注意哪些问题?

2. 用标准加入法进行定量分析有什么优点?

3. 为什么标准加入法中工作曲线外推与浓度轴的相交点就是试液中待测元素的浓度?

实验十一　原子吸收分光光度法测定毛发中锌的含量

一、实验目的

1. 掌握原子吸收分光光度法进行定量分析的方法。

2. 学习和掌握样品的湿法消化或干法灰化技术。

3. 学习原子吸收分光光度计的使用方法。

二、实验原理

锌广泛分布于有机体的所有组织中，是多种与生命活动密切相关的酶的重要成分。例如，Zn 是叶绿体内碳酸酐酶的组成成分，能促进植物的光合作用，Zn 对许多植物，特别是玉米、柑橘以及油桐的生长发育和产量有重大的影响。对于人和动物，缺 Zn 会阻碍蛋白质的氧化，影响生长素的形成，表现出的症状为食欲不振，生长受阻，严重时甚至会影响繁殖机能。因此，Zn 的测定也是人和动物营养诊断的常规项目之一。从毛发中的 Zn 含量（常简称“发 Zn”）可以确定 Zn 营养状况的正常与否，因此，检测“发 Zn”为医院，特别是儿童医院常用的诊断手段。正常人的“发 Zn”在 100～400$mg \cdot kg^{-1}$之间。

人和动物的毛发，用湿法消化或干法灰化处理后，在测定条件一定时，溶液对 213.9nm 波长的光（Zn 元素的特征谱线）的吸光度与毛发中 Zn 的含量呈线性关系，即 $A = Kc$。故可直接用标准曲线法测定毛发中 Zn 的含量。

三、主要试剂和仪器

1. Zn 标准储备溶液（1.000$g \cdot L^{-1}$）：称取 0.6250g ZnO，溶于约 50mL H_2O 及 0.5mL 浓 H_2SO_4溶液中，溶解后，移入 500mL 容量瓶，用 H_2O 稀释至刻度，摇匀，转入聚乙烯试剂瓶中贮存。

2. Zn 的标准工作溶液（10$mg \cdot L^{-1}$）：取 5.00mL Zn 的标准储备溶液置于 50mL 容量瓶中，用 H_2O 定容，得浓度为 100$mg \cdot L^{-1}$的中间液。取 5.00mL Zn 的中间液置于 50mL 容量瓶中，用 H_2O 定容，得浓度为 10$mg \cdot L^{-1}$的 Zn 标准工作溶液。上述方法称为“逐级稀释法”。

3. HCl 溶液（1%和 10%，干法灰化用）。

4. HNO_3-$HClO_4$混合溶液：HNO_3（65%）和 $HClO_4$（70%）以 4∶1 的比例混合而成，湿法消化用。

5. Z-2000 原子吸收分光光度计，乙炔钢瓶、无油空气压缩机或空气钢瓶，高温电炉（干灰化法）或可调温电加热板（湿灰化法），烧杯（200mL），容量瓶

(50mL，500mL)，聚乙烯试剂瓶 (500mL)，吸量管 (5mL)。

四、实验步骤

1. 样品的采集与处理

用不锈钢剪刀取1～2g枕部近头皮1～3cm处的发样，剪碎至1cm左右，于烧杯中用普通洗发剂浸泡2min，然后用自来水冲洗至无泡，这个过程一般须重复2～3次，以保证洗去头发样品上的污垢和油腻。最后发样用蒸馏水冲洗3次，晾干，置烘箱中于80℃干燥至恒重（约6～8h)。如果发样干净或对数据要求不高，则上述洗涤和恒重步骤可以省略。

准确称取0.1000g混匀的发样于300mL瓷坩埚中，先于电炉上炭化，再置于高温电炉中，升温至500℃左右，直至完全灰化。冷却后用5mL 10% HCl溶液溶解，用1% HCl溶液定容至50.0mL，待测。

也可将0.1000g试样置于100mL锥形瓶中，加入5mL 4∶1 HNO_3-$HClO_4$溶液，瓶上加弯颈小漏斗，于可控温电热板上加热消化，温度控制在140～160℃，待约剩0.5mL清亮液体时，冷却，以H_2O定容至50.0mL，待测。上述制样方法分别叫作干法灰化和湿法消化。

2. 标准系列溶液的配制

在五只50mL容量瓶中，分别加入1.00mL、2.00mL、3.00mL、4.00mL、5.00mL Zn的标准工作溶液，加H_2O稀释至刻度，摇匀。

3. 毛发中Zn含量的测量

按“Z-2000原子吸收分光光度计”仪器的操作步骤开动仪器电源开关，在工作站上设置分析条件，如波长、狭缝、标样个数及浓度、样品数、读数次数等参数。开动仪器，待电路和气路系统达到稳定，记录基线平直时，即可进样。测定各标准溶液系列溶液的吸光度。

测定条件：测定波长213.9nm，空心阴极灯的灯电流3 mA，灯高4格，光谱通带0.2nm，助燃比为1∶4。

用蒸馏水调节仪器的吸光度为0，按由稀到浓的顺序测量标准系列溶液和未知试样的吸光度。

五、实验记录与数据处理

1. 用Zn的标准系列溶液的吸光度绘制标准曲线。由未知试样的吸光度，求出毛发中的Zn含量。

2. 根据测定结果进行判断

由正常人“发Zn”含量范围，判断提供发样的人是否缺Zn或者生活在Zn污染区中。

六、思考题

1. 原子吸收分光光度法中，吸光度 A 与样品浓度 c 之间具有什么样的关系？当浓度较高时，一般会出现什么情况？

2. 测“发 Zn”具有什么实际意义？

第九章

电化学分析法实验

实验一　直接电位法测定废水的 pH 值

一、实验目的

1. 了解 pH 值的直接电位法测定原理和方法。
2. 学习酸度计的使用方法。

二、实验原理

在生产和科研中常会接触到有关 pH 值的问题，粗略的 pH 值测量可以用 pH 试纸，比较精确的 pH 值测定则需要用电位法，即根据能斯特方程，用酸度计测量原电池电动势来确定 pH 值。这种方法常用玻璃电极作指示电极，甘汞电极作参比电极，与被测溶液组成原电池。在一定条件下，电池电动势 E 和试液 pH 值呈线性关系：

$$E = K + 0.059\text{pH}\ (25℃)$$

上述能斯特方程中的 K 值包括甘汞电极电位、内参比电极电位、玻璃膜的不对称电位及参比电极与溶液间的液接电位，它难以用理论方法计算出来，但在一定实验条件下是常数。通常需要用与待测溶液 pH 值接近的标准缓冲溶液进行校正，以抵消 K 值对测量的影响。其原理是：当玻璃-甘汞电极对分别插入 pH_s标准缓冲溶液和 pH_x未知溶液中，电动势 E_s和 E_x分别为：

$$E_s = K + 0.059\text{pH}_s\ (25℃)$$

$$E_x = K + 0.059\text{pH}_x\ (25℃)$$

两式相减，得　$\text{pH}_x = \text{pH}_s + \dfrac{E_x - E_s}{0.059} = \text{pH}_s + \dfrac{\Delta E}{0.059}\ (25℃)$

在酸度计上，pH 值按照 $\Delta E/0.059$ 分度，此 pH 分度值只适用于温度为 25℃

时。为适应不同温度下的测量，需进行温度补偿。

三、主要试剂和仪器

1. pH4.00（25℃）缓冲液：称取先在110～130℃干燥2～3h的邻苯二甲酸氢钾（$KHC_8H_4O_4$）10.2112g，溶于去离子水中，并在容量瓶中稀释至1L。

2. pH9.18（25℃）缓冲液：称取在干燥器中平衡两昼夜的含有NaCl和蔗糖饱和溶液的硼砂（$Na_2B_4O_7 \cdot 10H_2O$）3.8137g，溶于去离子水中，并在容量瓶中稀释至1L。

3. pHS-3C型酸度计，E-201-C型pH复合电极，烧杯。

四、实验步骤

1. 仪器标定

① 先用试纸粗略检查试样溶液的pH值，选择与其pH值相邻的两份pH标准缓冲溶液校正仪器（定位）。

② 打开电源开关，按“pH/mV”按钮，使仪器进入pH测量状态。

③ 按“温度”按钮，使其显示为溶液温度值（此时温度指示灯亮），然后按“确认”键，仪器确定溶液温度后回到pH测量状态。

④ 把用蒸馏水清洗过的电极插入选定的较低pH值的标准缓冲溶液中，待读数稳定后按“定位”键，使读数为该溶液当时温度下的pH值，然后按“确认”键，仪器进入pH测量状态，pH指示灯停止闪烁。

⑤ 把用蒸馏水清洗过的电极插入选定的较高pH值的标准缓冲溶液中，待读数稳定后按“斜率”键，使读数为该溶液当时温度下的pH值，然后按“确认”键，仪器进入pH测量状态，pH指示灯停止闪烁，标定完成。

2. 待测试液的pH值测量

① 用蒸馏水清洗电极头部，再用被测溶液清洗1次。

② 把电极浸入被测溶液中，用玻璃棒搅拌，使溶液均匀，在显示屏上读出溶液的pH值。

五、实验结果和数据处理

列表记录水样的pH值。

六、 思考题

1. 用酸度计测量pH值时，为什么必须用标准缓冲溶液校正仪器？

2. 玻璃电极在使用前应如何处理？为什么？

3. 为什么定位时应选用与被测液pH值接近的标准缓冲溶液？

实验二 电导法测定水质纯度

一、实验目的

1. 掌握电导仪的使用方法。
2. 掌握测定电导池常数的方法。
3. 掌握测定水质纯度的方法。

二、实验原理

测定水质纯度的方法常用的主要有两种：一种是化学分析法；一种是电导法。化学分析法能够比较准确地测定水中各种不同杂质的成分和含量，但分析过程复杂、费时，操作繁琐。锅炉用水、工业废水、实验室用的蒸馏水、去离子水、二次亚沸腾蒸馏水和环境监测，皆可用电导法进行水质纯度检验。

水的电导率反映了水中无机盐的总量，是水质纯度检验的一项重要指标。水的电导率越小（或电阻率越大），表示水的纯度越高。纯水的理论电导率为 $0.055\mu S \cdot cm^{-1}$，离子交换水的电导率为 $0.1 \sim 1\mu S \cdot cm^{-1}$，普通蒸馏水的电导率为 $3 \sim 5\mu S \cdot cm^{-1}$，自来水的电导率约为 $500\mu S \cdot cm^{-1}$。应注意，水中的细菌、悬浮物等非导电性物质和非离子状态的杂质对水质纯度的影响不能检测。电导法虽选择性不强，无法区别离子的种类，但它利用水中的含盐量与电导率之间的关系，具有准确、快速、能连续测定，并能制成相应的水质控制仪和记录仪等优点，从而成为水质鉴定的主要方法。

溶液中的正负离子在外加电场的作用下定向移动，并在电极上发生电化学反应而传递电子，所以具有导电能力。电导、电导率与电导池常数的关系式为：

$$G = \frac{k}{Q} = \frac{k}{L/A} = k(A/L)$$

式中，k 为电导率（比电导），$S \cdot m^{-1}$，它是 $1m^3$ 的溶液在距离为 1m 的电极间的电导；G 为电导，S（$S = \Omega^{-1}$）；$Q = L/A$ 为电导池常数。

电导池的形状各种各样，因而 L 和 A 难以确定。通常电导池常数 L/A 是先测得已知电导率的电解质溶液（如 $0.0200mol \cdot L^{-1}$ KCl 溶液的电导率在 25℃时为 $0.002758S \cdot cm^{-1}$）的电导，然后根据上述公式求出 L/A 值。

在 KCl 溶液及未知溶液的两次测量过程中，温度应保持相同。当标准溶液的电阻与待测溶液的电阻相差较大时，测量误差也较大。

三、主要试剂和仪器

1. KCl 溶液（$0.0200mol \cdot L^{-1}$）。

2. 电导仪及铂黑电极，恒温水槽，电导池。

四、实验步骤

1. 电导池常数的测定

① 打开电导仪，将铂黑电极用蒸馏水洗干净并用滤纸吸干。

② 将洗干净的电导池用蒸馏水洗涤 2～3 次，再用 0.0200mol·L^{-1} KCl 溶液洗 3～4 次。

③ 将待测的 KCl 溶液注入插有电极的电导池中，以能淹没电极为度，置电导池于 25℃ 恒温水槽中，将电极接到电导仪上。待电导池中 KCl 溶液的温度与恒温水槽的温度平衡后（约 10min），即可进行测量。

2. 自来水、河水电导率的测定

操作程序如上，用待测水样润洗烧杯 2～3 次，然后倒入约 30mL 水样，将选用的铂黑电极插入溶液中测定水样电导率。

五、实验记录与数据处理

1. 计算电导池常数。

2. 记录自来水、河水试样的电导率。

六、思考题

1. 测量电导时，为什么要用交流电源？

2. 试述温度对测量电导的影响。

实验三　酸牛乳总酸度的测定

一、实验目的

1. 学习电位滴定法测定酸牛乳总酸度的原理与方法。

2. 了解自动电位滴定计的使用要点。

3. 学会绘制电位滴定曲线并由此确定终点。

二、实验原理

酸牛乳是在经消毒后的鲜牛乳中加入乳酸链球菌发酵而制成的。酸牛乳中的酸包括多种有机弱酸。牛乳的发酵过程可以通过 NaOH 标准溶液滴定酸牛乳的总酸度进行监控。酸牛乳为乳浊液，为准确判断滴定终点，用电位滴定法测定酸度较为适宜。

滴定酸牛乳所用的氢氧化钠标准溶液的浓度需以二水合草酸（$H_2C_2O_4 \cdot 2H_2O$）作基准物质进行标定。

三、主要试剂和仪器

1. 草酸标准溶液（$1.000mol \cdot L^{-1}$）。

2. NaOH 标准溶液（$0.1mol \cdot L^{-1}$）。

3. pH4.00（25℃）缓冲液：称取先在 110～130℃干燥 2～3h 的邻苯二甲酸氢钾（$KHC_8H_4O_4$）10.2112g，溶于去离子水中，并在容量瓶中稀释至 1L。

4. pH9.18（25℃）缓冲液：称取在干燥器中平衡两昼夜的含有 NaCl 和蔗糖饱和溶液的硼砂（$Na_2B_4O_7 \cdot 10H_2O$）3.8137g，溶于去离子水中，并在容量瓶中稀释至 1L。

5. ZDJ-4A 型自动电位滴定计。

6. 分析天平。

7. 磁力加热搅拌器，锥形瓶，碱式滴定管，烧杯。

四、实验步骤

1. 准备工作

用去离子水反复多次冲洗滴定管，然后用 $0.1mol \cdot L^{-1}$ NaOH 标准溶液冲洗滴定管 3～5 次，使 NaOH 标准溶液充满整个滴定管道。

2. 自动电位滴定仪的标定

用 pH＝4.00 和 pH＝9.18 的标准缓冲液，采用“二点法”标定仪器。

3. NaOH 标准溶液的标定

① 准确吸取草酸标准溶液 10.00mL 置于 100mL 容量瓶中，用水稀释至刻度，

混合均匀。

② 准确吸取稀释后的草酸标准溶液 5.00mL，置于 100mL 烧杯中，加水至 30mL，放入搅拌子，置于搅拌器上，将电极及滴定管插入溶液。设置好合适的搅拌速度，选择“自动滴定”方式中的“预滴定”方式，按“开始”键，仪器开始自动进行采样、溶液添加、终点判断等过程，结束时滴定仪器自动给出 NaOH 浓度。平行测定 3 次，算出 NaOH 浓度的平均值。

4. 酸牛乳总酸度的测定

（1）手动滴定　在小烧杯中准确称取约 10g 酸牛乳，加入 50mL 蒸馏水，注意边加水边搅拌。放入搅拌子，置于搅拌器上，将电极及滴定管插入溶液。设置好合适的搅拌速度，选择“手动滴定”方式（参数设置参考：预加体积 10mL；下次添加体积 0.2mL；结束体积 20mL）进行滴定，期间仪器可自动找到滴定终点，滴定结束后，绘制 pH 值和消耗 NaOH 体积的关系图。

（2）自动滴定　同上准备待测液，放入搅拌子，置于搅拌器上，将电极及滴定管插入溶液。设置好合适的搅拌速度，选择“自动滴定”方式中的“pH 预设终点滴定”方式，设置预设终点数为 1。第一终点：手动滴定测得终点值。第一预控终点：7.0。延时时间：10s。

参数设置完毕，按“开始”键，仪器即开始预设终点滴定，仪器一边添加溶液一边采样，并进行终点判断，找到终点后，仪器会自动提示。结束滴定后，仪器自动给出所设终点时的 pH 值和消耗 NaOH 溶液的体积。平行测定 3 次，算出终点时的 pH 值和消耗 NaOH 溶液的体积平均值。滴定完成后，用蒸馏水多次清洗滴定管。

五、实验记录和数据处理

1. 于 Excel 或方格纸上作 pH-V 曲线和 $\Delta pH/\Delta V$-V 曲线，与所测终点时的 pH 值比较。

2. 根据终点时消耗 NaOH 溶液的体积计算酸牛乳总酸度［以 100g 酸牛乳消耗 NaOH 溶液的质量（g）来表示］。

六、思考题

1. 本实验所用仪器测定溶液的酸度，读数是否应事先进行校正？为什么？

2. 比较指示剂法和电位滴定法确定终点的优缺点。

3. 能否用指示剂法测定酸牛乳的酸度？若能，应选何种指示剂？

实验四　氟离子选择性电极测定含氟牙膏中的氟含量

一、实验目的

1. 了解氟离子选择性电极的基本结构及工作原理。

2. 掌握离子选择性电极的电位测定法。

3. 掌握电位分析中的标准曲线定量方法。

二、实验原理

氟是人体必需的微量元素之一，在人体骨骼、牙齿的形成中具有重要作用。适量的氟可以促进牙齿和骨骼的钙化，尤其能使牙釉质形成坚硬细密的氟磷灰石表面保护层，起到抗酸腐蚀作用，从而预防龋齿的发生，因此在牙膏中通常会添加少量的氟，国家标准规定含氟牙膏的氟含量范围应为：成人牙膏 0.05%～0.15%，儿童牙膏 0.05%～0.11%。过量的氟将对人体造成危害。目前氟化物的测定方法有很多，主要有氟离子选择性电极法、氟试剂分光光度法、离子色谱法、扫描极谱法等。其中应用最广泛的当属氟离子选择性电极法，这种方法准确度高、选择性好、操作简便快速、设备简单。

离子选择性电极是一种电化学传感器，它能将溶液中特定离子的活度转换成相应的电位。以饱和甘汞电极为参比电极，氟离子选择性电极为指示电极，当溶液总离子强度等条件一定时，浓度在 10^{0}～10^{-6} mol·L^{-1}范围内，电池电动势（或氟电极的电极电位）与 pF(－lg[F])呈线性关系，可用标准曲线法或标准加入法进行定量测定。

凡能与氟离子生成稳定配合物或难溶沉淀的离子，如 Al^{3+}、Fe^{3+}、Ca^{2+}、H^{+}、OH^{-}等会干扰测定，通常采用柠檬酸、磺基水杨酸、EDTA 等掩蔽剂掩蔽，并控制 pH 值在 5～6 范围内进行测定。

三、主要试剂和仪器

1. 氟标准储备液（100mg·L^{-1}）：准确称取于 120℃下干燥 2h 的 NaF(AR) 0.2210g，溶于去离子水中，移入 1000mL 容量瓶中，用去离子水稀释至刻度，摇匀，转入洁净、干燥的塑料瓶中储存。

2. 氟标准储备液（10mg·L^{-1}）：将上述氟标准储备液用去离子水稀释 10 倍即得。

3. HNO_3溶液（1%）。

4. $NH_3 \cdot H_2O$ 溶液（13%）。

5. 含氟牙膏。

6. 总离子强度调节缓冲溶液（TISAB）：在 1000mL 烧杯中加入 500mL 去离子水，再加入冰醋酸 57mL、柠檬酸 12g、NaCl 58g，搅拌使之溶解；将烧杯置于冷水浴中，在酸度计上，用 $7mol\cdot L^{-1}NH_3\cdot H_2O$ 将溶液调至 pH＝5.0～5.5，将烧杯自冷水浴中取出放至室温，最后用去离子水稀释至 1 L。

7. pHS-3C 型精密酸度计。

8. 氟离子选择性电极，饱和甘汞电极，电磁搅拌器，移液管，容量瓶(50.0mL)，塑料杯（50mL)，烧杯（50mL)，分析天平。

四、实验步骤

1. 标准曲线的绘制

（1）标准溶液的配制　分别准确移取氟标准储备液（10 $\mu g\cdot mL^{-1}$)、1.00mL、2.00mL、3.00mL、4.00mL、5.00mL 于 6 只 50.0mL 容量瓶中，加入 TISAB 溶液 10.00mL，用去离子水稀释至刻度，摇匀，即得到浓度分别为 $0.20\mu g\cdot mL^{-1}$、$0.40\mu g\cdot mL^{-1}$、$0.60\mu g\cdot mL^{-1}$、$0.80\mu g\cdot mL^{-1}$、$1.00\mu g\cdot mL^{-1}$ 的氟标准系列溶液。

（2）标准曲线的绘制　将标准系列溶液中的最低浓度溶液转入干燥塑料杯中，浸入指示电极和参比电极，在电磁搅拌下，每隔 0.5min 读取 1 次电池电动势(E)，直至 1min 内读数基本不变（1mV)，记录其对应的 E 值。从低浓度到高浓度进行逐一测试，并计算出回归方程。

2. 样品测定

（1）样品溶液的制备　准确称取 0.5～1.0g 样品（精确至 0.001g）于 50mL 烧杯中，加水 10mL、2mL HNO_3（1%)，充分搅拌 2～3min，过滤，以 50.0mL 容量瓶收集滤液，以少量去离子水洗涤烧杯及滤纸 3～4 次，洗液并入滤液，用去离子水稀释至刻度，摇匀。

（2）样品测定　取样品溶液 10.0mL 于 50.0mL 容量瓶中，加入 TISAB 10.00mL，用去离子水稀释至刻度，摇匀，全部转入一干燥塑料杯中，按“标准曲线的绘制”所述方法测定得到 E_x 值。

五、实验记录与数据处理

1. 绘制 F^- 标准曲线并计算出回归方程。

2. 计算含氟牙膏中的氟含量

将样品中测得的 E_x 值代入线性回归方程，计算测试液中氟的浓度，并根据样品的取样量及样品测试液的总体积计算出样品中的氟含量。

六、思考题

1. 离子选择电极响应的是离子的活度还是浓度？若要测得离子的浓度，应该采取哪些措施？

2. 总离子强度调节缓冲溶液（TISAB）有什么作用？它包括哪些组分？

实验五　库仑滴定法测定维生素 C

一、实验目的

1. 学习和掌握库仑滴定法和永停终点法的原理。
2. 学习和掌握库仑滴定法的实验技术。

二、实验原理

库仑滴定法是建立在恒电流电解基础上的一种电化学分析方法，可用于常量物质或痕量物质的测定。通过电解时电极反应定量产生的“滴定剂”与待测物质之间发生化学反应，根据法拉第定律，由电解时通过溶液的电量计算待测物质的含量。在电解过程中应使电解电极上只进行生成滴定剂的反应，而且电解效率是 100%。滴定时需选定适当的方法来指示终点，通常可以采用指示剂或电化学方法指示终点。

在弱酸性介质中，I^-极容易以 100%的电流效率在铂电极上氧化生成 I_2，电解生成的 I_2滴定抗坏血酸，以永停终点法指示滴定终点，这样便可进行抗坏血酸的测定。

在含有抗坏血酸的 KI 溶液中进行恒电流电解。

阳极反应为：

$$2I^- \xlongequal{} I_2 + 2e^-$$

阴极反应为：

$$2H^+ + 2e^- \xlongequal{} H_2$$

由法拉第定律可知，在电极上生成或被消耗的某物质的质量 m 与通过该体系的电量 Q 成正比：

$$m = MQ/nF$$

式中，n 为电解反应中电子转移数；F 为法拉第常数；M 为反应物的原子量或分子量。

阳极产生的 I_2与抗坏血酸（又名维生素 C，分子式 $C_6H_8O_6$）发生定量反应，将其分子中的烯二醇结构定量氧化为二酮基。反应式表示如下：

```
  O=C─┐                      O=C─┐
    │  │                       │  │
 HO─C  │                    O=C  │
    ‖  O                       │  O
 HO─C  │                    O=C  │
    │  │                       │  │
  H─C──┘   + I2  ──→         H─C──┘   + 2HI
    │                          │
HO─CH                      HO─CH
    │                          │
   CH2OH                      CH2OH
```

根据电解 KI 消耗的电量，可以计算出抗坏血酸的含量。

三、主要试剂和仪器

1. 抗坏血酸（AR）。
2. 维生素 C 片剂。
3. KI 溶液（10%）。
4. 冰醋酸（AR）。
5. HNO_3溶液（7mol·L^{-1}）。
6. KLT-1 型通用库仑仪。
7. 电磁搅拌器。
8. 容量瓶（100mL，500mL），移液管（1mL，5mL），研钵，分析天平。

四、实验步骤

1. 电解液的配制

10% KI 溶液与冰醋酸按 3∶2 混合成电解液。

2. 样品溶液的配制

取数片维生素 C 片剂在研钵中研细，准确称取 0.2000g，用新煮沸过的蒸馏水与冰醋酸的 1∶9 混合溶液溶解配成 500mL 溶液。

3. 铂电极的预处理

将铂电极浸入热的 7mol·L^{-1} HNO_3 溶液中（在通风橱中进行），取出，用去离子水冲洗干净。

4. 仪器预热，熟悉仪器操作

开启通用库仑仪电源前，所有按键处于释放状态，“工作、停止”开关置于“停止”，电解电流一般选择 10mA 挡，开启通用库仑仪电源，预热 10min。

5. 预电解

进行预电解的目的是消除电解液中 I_3^- 的干扰。将 50mL 电解液注入电解杯中，加入一定量的抗坏血酸溶液，连接好各电极接线，开动搅拌器，通用库仑仪的终点指示方式为电流上升，极化电势表电势器预先调在 0.4 的位置，按下“启动”键，按下“极化电势”键，调节指示电极的极化电势为 150mV，松开“极化电势”键，等表头指针稍稳定，按下“电解”按钮，指示灯灭，调节电解电流为 10mA，开始电解。电解至终点时表针开始向右突变，红灯即亮，仪器读数即为总消耗电量的毫库仑数。

6. 维生素 C 片剂的测定

每次吸取 5.00mL 样品溶液注入含有预电解后的 50mL 电解液的电解杯中，按上述步骤进行测定。平行测定 3 次。

测定结束后，使仪器各按键处于起始状态，关闭电源，清洗电极和电解池。

五、实验记录与数据处理

1. 列表记录测得的电量 Q，求平均值。
2. 依据法拉第定律计算维生素片剂中维生素 C 的含量。

六、思考题

1. 不进行预电解对测定结果会产生什么影响？
2. 为什么要用新煮沸过的蒸馏水配制溶液？

第十章 色谱分析法实验

实验一 气相色谱法分析苯系物

一、实验目的

1. 学习气相色谱仪的基本结构和操作方法。
2. 熟练掌握根据保留值用已知物对照定性的分析方法。
3. 熟练用归一化法定量测定混合物各组分的含量。

二、实验原理

苯及其同系物甲苯、乙苯、二甲苯等是重要的化工原料和优良溶剂，由于应用范围广，造成环境污染的机会就多。在工业生产及环境监测中，通常采用气相色谱法对苯系物进行分离和分析。样品在色谱柱内被分离后，进入检测器进行检测，在记录仪上得到色谱图。根据相关信息，进行定性分析和定量分析。

1. 分离度 *R* 的测定

分离度 R 是指色谱柱对样品中相邻两组分的分离程度。计算公式如下：

$$R=\frac{2[t_{R(2)}-t_{R(1)}]}{Y_1+Y_2}$$

式中，$t_{R(2)}$、$t_{R(1)}$为相邻两组分的保留时间，s 或 mm；Y_1、Y_2为相邻两峰的峰宽，s 或 mm。

分离度 R 数值越大，两组分分离程度越大，当 R 达到 1.5 时，两组分完全分离。

2. 用纯物质保留值对照定性

在确定的色谱条件下，每一种物质有一个确定的保留值，所以在相同的条件下，未知物的保留值和已知物的保留值相同时，就可以认为未知物即是用于对照用的已知纯物质。但是，不少物质在同一条件下可能有非常相近而不容易察觉差异的保留值，所以，当样品组成未知时，仅用纯物质的保留值与样品中组分的保留值对照定性是困难的。这种情况需用两根不同极性的柱子或两种以上不同极性固定液配成的柱子，或用色谱-质谱联用仪等其他方法定性。对于一些组成基本可以估计的样品，可以在相同的色谱条件下，以纯物质的保留值对照，判断某色谱峰属于什么组分。

3. 归一化法定量

当样品中所有组分均出峰时，测量得到的全部峰值经相应的校正因子校准并归一后，计算每个组分的质量分数的方法称作归一化法。

$$w_i = \frac{A_i f_i}{\sum_i^n (A_i f_i)} \times 100\%$$

式中，f_i 为 i 组分的校正因子；A_i 为 i 组分的面积。

三、主要试剂和仪器

1. 苯、甲苯、二甲苯（均为分析纯）。
2. 气相色谱仪（检测器 FID）。
3. 全自动氢气发生器，空气压缩机，微量注射器（1μL）。

四、实验步骤

1. 色谱操作条件

检测器：FID。载气：高纯氮气，流量 35mL·min^{-1}；氢气流量 35mL·min^{-1}；空气流量 350mL·min^{-1}；柱温：60℃。气化温度：150℃。

2. 测定试样

通载气，启动仪器，设定以上操作条件；待基线稳定后，用 1μL 微量注射器进 0.4～0.6μL 混合试样，记录色谱图。

3. 测定纯物质

在完全相同的色谱条件下，分别进苯、甲苯、二甲苯的纯样品，记录色谱图。

五、实验记录与数据处理

1. 纯物质保留时间及试样测定结果

表 1　苯、甲苯、二甲苯纯物质保留时间

纯物质	苯	甲苯	二甲苯
t_R/min			

表 2　试样测定结果

试样组分	苯	甲苯	二甲苯
试样出峰号			
t_R/mim			
峰面积 A			

2. 依据各纯物质保留时间确定试样色谱图中各组分。

3. 计算甲苯在柱上分离的理论塔板数，并计算苯和甲苯的分离度，评价色谱柱的分离效能。

4. 以苯为标准，设苯的相对校正因子为 1.0，甲苯为 1.02，二甲苯为 1.08，用归一化法求出苯、甲苯和二甲苯的含量。

六、思考题

1. 使用 FID，仪器开启时应注意些什么？实验结束，关闭 FID 时，应注意些什么？

2. 归一化法是否严格要求进样量很准确？操作条件稍有变化对定量结果有无明显影响？为什么？

3. 归一化法在应用上受到哪些条件的限制？

实验二　气相色谱法测定白酒中甲醇的含量

一、实验目的

1. 掌握用外标法进行色谱定量分析的原理和方法。
2. 了解气相色谱仪氢火焰离子化检测器 FID 的性能和操作方法。
3. 了解气相色谱法在产品质量控制中的应用。
4. 学习气相色谱法测定甲醇含量的分析方法。

二、实验原理

甲醇是白酒中的主要有害成分，其是由原料和辅料中的果胶内甲基酯分解而成的。甲醇的毒性极强，可在体内蓄积，具有明显麻醉作用，可引起脑水肿，对视神经和视网膜有特殊亲和力，引起视神经萎缩，严重者可导致失明。人食入甲醇 5g，就会出现严重中毒，超过 12.5g 就可能导致死亡。因此，国家对白酒中的甲醇含量做出了严格规定。根据国家标准，食用酒精中甲醇含量应低于 $0.1g \cdot L^{-1}$（优级）或 $0.6g \cdot L^{-1}$（普通级）。市场上销售的假酒中常含有超标的甲醇，由饮假酒而造成的中毒事件屡有发生。气相色谱法是一种高效、快速而灵敏的分离分析技术，具有极强的分离效能。利用该方法可分离、检测白酒中的甲醇含量。

外标法是常用的气相色谱定量方法之一。它是在一定操作条件下，用纯组分或已知浓度的标准溶液配制一系列不同含量的标准溶液，准确进样，根据色谱图中组分的峰面积（或峰高）对组分含量作标准曲线。在相同操作条件下，根据样品的峰面积（或峰高），从标准曲线上查出其相应含量。

三、主要试剂和仪器

1. 甲醇（色谱醇）。
2. 乙醇水溶液（60%，不含甲醇），取 1μL 进样，无甲醇峰即可。
3. 气相色谱仪（检测器 FID）
4. 微量注射器。

四、实验步骤

1. 色谱条件

HP-INNOWax 毛细管柱（30m×250μm，0.25μm）；分流比 50∶1；检测器 FID；进样口温度 180℃；检测器温度 200℃；柱温 50℃。

2. 甲醇标准溶液的配制

100mL 容量瓶中装入少量 60%的乙醇溶液，准确称量 0.5000g 的色谱纯甲醇于此容量瓶中，最后用60%的乙醇溶液定容，此溶液为5g·L^{-1}的甲醇储备液。

准确吸取甲醇标准储备液1.0mL、2.0mL、3.0mL、4.0mL、5.0mL，分别置于5只25mL容量瓶中，用60%乙醇溶液稀释到刻度，混匀，分别得到0.2mg·mL^{-1}、0.4mg·mL^{-1}、0.6mg·mL^{-1}、0.8mg·mL^{-1}、1.0mg·mL^{-1}的甲醇标准溶液系列。

3. 气相色谱仪的操作

通载气，启动仪器，在色谱工作站上设定上述温度条件。待温度升至所需值时，打开氢气和空气，点燃FID。缓缓调节氮气、氢气及空气的流量，至信噪比较佳时为止。待基线平稳后即可进样分析。

4. 标准曲线的制作

用微量注射器吸取0.2μL色谱纯甲醇注入色谱仪，获得色谱图，以保留时间作为对照定性，确定甲醇色谱峰。

分别取上述标准溶液系列1μL进样3次，以甲醇平均峰面积为纵坐标，以相应的甲醇浓度为横坐标作图。

5. 白酒样品中甲醇含量的测定

在相同色谱条件下，吸取1μL白酒样品进行分析，重复测定3次。

五、实验记录与数据处理

1. 以色谱峰（或峰高）为纵坐标，甲醇标准溶液的浓度为横坐标，绘制标准曲线。

2. 根据试样溶液色谱图中甲醇的峰面积（或峰高），查出试样溶液中甲醇的含量（μg·100mL^{-1}）。

六、思考题

1. 为什么甲醇标准溶液要以60%乙醇溶液为溶剂配制？配制甲醇标准溶液还需要注意什么？

2. 外标法定量的特点是什么？外标法定量的主要误差来源有哪些？

实验三　白酒中乙酸乙酯的气相色谱分析

一、实验目的

1. 掌握色谱分析常用的定性方法。
2. 掌握内标法定量分析的基本原理和方法。
3. 掌握色谱操作技术及相关分离原理。

二、实验原理

白酒在生产过程中，酸与醇发酵生成各种酯，乙酯类物质是白酒香气的主体部分，各种乙酯具有各自的香气特征，乙酸乙酯的香气较清纯优雅。通常可采用气相色谱分析测定白酒中乙酸乙酯的含量。

对于试样中少量物质的测定，或仅需测定试样中的某些组分时，可采用内标法定量分析。用内标法测定时需在试样中加入一种物质作内标。设在质量为 m 的试样中加入内标物质的质量为 m_s，被测组分的质量为 m_i，被测组分及内标物质的色谱峰面积分别为 A_i、A_s，则乙酸乙酯的质量分数 w_i 计算公式为：

$$w_i=\frac{m_i}{m}\times 100\%=f_i'\frac{A_i m_s}{A_s m}\times 100\%$$

式中，f_i'为乙酸乙酯的相对校正因子。

三、主要试剂和仪器

1. 乙酸乙酯（色谱纯）作标样用（2%溶液，用 60%乙醇溶液配制）。
2. 乙酸丁酯（色谱纯），作内标物用（2%溶液，用 60%乙醇溶液配制）。
3. 气相色谱仪，配有氢火焰离子化检测器；微量色谱注射器，10μL。

四、实验步骤

1. 色谱柱与色谱条件

色谱柱 30m，0.32mm I.D.，HP-5；载气、氢气和空气的流速及柱温等色谱条件随仪器而异，应通过实验选择最佳操作条件，以使乙酸乙酯峰及内标峰与酒样中其他组分的峰获得完全分离。

2. 定性分析

根据实验条件，将色谱仪调节至可进样状态（基线平直即可）。用微量色谱注射器分别吸取乙酸乙酯、乙酸丁酯纯物质（0.2μL），进样，记录每个纯样的保留时间 t_R。

3. 定量分析

（1）校正因子 f_i'值的测定　吸取 2%的乙酸乙酯溶液 1.00mL，移入 50mL 容量瓶中，然后加入2%的内标液1.00mL，用60%乙醇溶液稀释至刻度。上述溶液中乙酸乙酯及内标的浓度均为0.4%（体积分数）。待色谱仪基线稳定后，用微量注射器进样，进样量随仪器的灵敏度而定。记录乙酸乙酯峰的保留时间及其峰面积，用其峰面积与内标峰面积之比计算出乙酸乙酯的相对质量校正因子f_i值。实验平行3次。

（2）样品的测定　吸取酒样10.0mL，移入2%的内标液0.20mL，混匀后，在与测定f_i'值相同的条件下进样，根据保留时间确定乙酸乙酯峰的位置，并测定乙酸乙酯峰面积与内标峰面积，求出峰面积之比，计算出酒样中乙酸乙酯的含量，实验平行3次。

4. 实验结束后，按要求关好仪器。

五、实验记录与数据处理

1. 计算乙酸乙酯的相对校正因子f_i'。

2. 根据测得的乙酸乙酯峰面积与内标峰面积，计算出酒样中乙酸乙酯的含量。

六、思考题

1. 本实验中，进样量是否要求准确？

2. 内标法与外标法有什么区别？

实验四　高效液相色谱法测定甲硝唑含量

一、实验目的

1. 熟悉液相色谱仪的基本结构和操作方法。
2. 掌握内标法的定量原理以及内标物的选择原则。
3. 学会利用内标法对物质进行色谱定量分析。

二、实验原理

甲硝唑主要用于治疗由厌氧菌引起的系统感染或局部感染，如腹腔、消化道、下呼吸道、皮肤及软组织等部位的厌氧菌感染，还可用于治疗口腔厌氧菌感染。高效液相色谱法测定甲硝唑含量，具有分析速度快、检测灵敏度高、操作简便、样品用量少等特点。

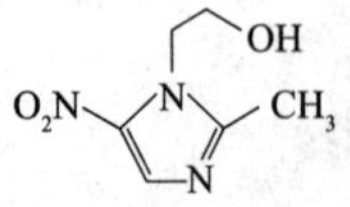

甲硝唑

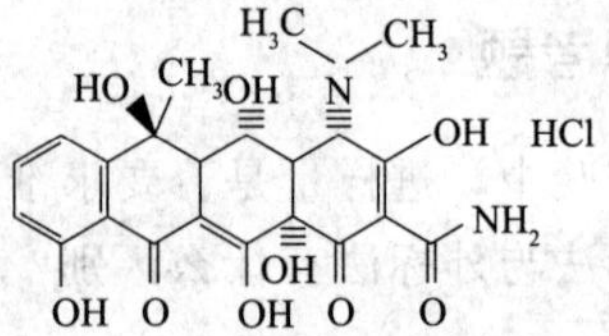

土霉素

内标法是色谱分析中一种比较准确的定量方法，尤其在没有标准物对照时，此方法更显其优越性。内标法是将一定质量的纯物质作为内标物加到一定量的被分析样品混合物中，然后对含有内标物的样品进行色谱分析，分别测定内标物和待测组分的峰面积（或峰高），计算相对校正因子，按公式即可求出被测组分在样品中的含量。相对校正因子计算公式如下：

$$f'_i = \frac{m_r A_s}{m_s A_r}$$

式中，f'_i为相对校正因子；A_s和A_r分别为内标物和对照品的峰面积（或峰高）；m_s和m_r分别为加入内标物（土霉素）和对照品（甲硝唑）的质量。

最后取含有内标物的待测组分试液，在与测定相对校正因子相同的条件下进行液相色谱分析。根据含内标物（土霉素）的待测组分溶液色谱峰响应值计算含量（m_i）：

$$m_i = f'_i \times \frac{m_s A_i}{A_s}$$

三、主要试剂和仪器

1. 土霉素（分析纯）。
2. 甲硝唑（分析纯）。

3. 甲醇（色谱纯）。

4. 高效液相色谱仪，紫外检测器。

5. C_{18}色谱柱。

四、实验步骤

1. 色谱条件的选择

（1）波长的选择　准确称取甲硝唑对照品适量，加流动相溶解，制成含甲硝唑约 $40\mu g \cdot mL^{-1}$ 的溶液。在紫外分光光度计 200～400nm 的波长范围内扫描，选择最大吸收处波长作为测定波长。

（2）流动相的选择　用甲醇-草酸水溶液（$0.002mol \cdot L^{-1}$）系统作为流动相进行实验，流速为 $1.0mL \cdot min^{-1}$，进样量为 $20\mu L$。

2. 内标物溶液的配制

准确称取一定质量的土霉素，加甲醇稀释溶解后，制成 $100mg \cdot L^{-1}$ 的内标物溶液。

3. 对照品溶液的制备

准确称取甲硝唑对照品适量，加甲醇稀释溶解后，制成 $100mg \cdot L^{-1}$ 的对照溶液。

4. 样品溶液的制备

取甲硝唑片 10 片，研细，准确称取适量（约相当于甲硝唑 0.1g）置于 200mL 容量瓶中，加流动相溶液适量，超声 5min 使其溶解后，用流动相稀释至刻度。过滤，准确量取滤液 10mL 置于 50mL 容量瓶中，用流动相溶液稀释至刻度，摇匀，作为供试品溶液。

5. 甲硝唑和土霉素纯物质保留时间测定

根据实验条件，待基线平直后，用微量色谱注射器分别吸取内标物溶液和对照品溶液 $5\mu L$，进样，记录每个纯样的保留时间 t_R。

6. 校正因子的测定

准确移取 2mL 内标物溶液和 2mL 对照品溶液混合后，稀释定容至 10mL，待基线平稳后，吸取 20 μL 进样。

7. 样品的测定

准确移取 2mL 内标物溶液和 2mL 样品溶液混合，稀释定容至 10mL，吸取 $20\mu L$ 进样。

五、实验记录与数据处理

表 1　色谱数据及甲硝唑样品测定结果

实验项目	保留时间 t_R/min	峰面积/μV
对照品甲硝唑		

续表

实验项目	保留时间 t_R/min	峰面积/μV
内标物土霉素		
样品中甲硝唑		
样品中土霉素		
样品中甲硝唑含量/mg·mL^{-1}		
相对标准偏差/%		

六、思考题

1. 用内标法进行定量分析时，内标物的选择应符合什么要求？
2. 本实验还可以采用什么方法定量分析？

实验五　饮料中添加剂苯甲酸钠、山梨酸钾、糖精钠的测定

一、实验目的

1. 学习实际样品的简单处理方法。

2. 掌握用高效液相色谱仪分离、测定样品的操作方法。

二、实验原理

以 C_{18} 键合反相柱为固定相，以甲醇-0.02mol·L^{-1}乙酸铵溶液为流动相，苯甲酸、山梨酸、糖精钠可以得到较好的分离，并在 230nm 的波长下有较好的紫外吸收峰。根据保留时间和峰面积进行定性、定量分析。

三、主要试剂和仪器

1. 甲醇（色谱纯），经 0.45μm 滤膜过滤。

2. 氨水（7mol·L^{-1}）。

3. 乙酸铵溶液（0.02mol·L^{-1}）：称取 1.54g 优级纯乙酸铵，加水至 100mL 溶解，经 0.45μm 滤膜过滤。

4. 苯甲酸标准储备液：准确称取 0.1000g 优级纯苯甲酸（C_6H_5COOH），加碳酸氢钠溶液（20g·L^{-1}）5mL，加热溶解，移入 100mL 容量瓶中，加水定容，苯甲酸的含量为 1mg·mL^{-1}，作为储备液。

5. 山梨酸标准储备液：准确称取 0.1000g 优级纯山梨酸（$CH_3CH=CHCH=CHCOOH$），加碳酸氢钠溶液（20g·L^{-1}）5mL，加热溶解，移入 100mL 容量瓶中，加水定容，山梨酸的含量为 1mg·mL^{-1}，作为储备液。

6. 糖精钠标准储备液：准确称取 0.085g 120℃下烘干 4h 的糖精钠（$C_6H_4CONNaSO_2 \cdot 2H_2O$），加水溶解，移入 100mL 容量瓶中，定容，使糖精钠的含量为 1mg·mL^{-1}，作为储备液。

7. 苯甲酸、山梨酸、糖精钠的标准使用液：取以上各储备液 10.0mL，放入 100mL 容量瓶中定容至刻度。此溶液含苯甲酸、山梨酸、糖精钠各 0.1mg·mL^{-1}。

8. 流动相：甲醇：乙酸铵（0.02mol·L^{-1}）=5：95，抽滤，脱气。

9. 高效液相色谱仪，紫外检测器。

四、实验步骤

1. 样品处理

汽水饮料：用电子天平称取 5.00～10.0g 样品放入小烧杯中，微温搅拌除去

CO_2，用氨水（$7mol \cdot L^{-1}$）调 pH 值约为 7。加水定容至 10～20mL，经 0.45μm 滤膜过滤至 1mL 的样品管中。

2. 色谱条件

色谱柱：C_{18}不锈钢柱。流动相：甲醇∶乙酸铵（$0.02mol \cdot L^{-1}$）=5∶95。流速：$1mL \cdot min^{-1}$。检测器：紫外检测器，波长 230nm。

3. 开机，平衡

打开稳压电源，待电压稳定于 220V 后，依次打开液相色谱仪主机、计算机主机和显示器。双击鼠标左键进入色谱工作站系统，在色谱工作站用鼠标左键点击“条件设置”，依次输入流量、最大压力、最小压力以及波长、运行时间等，并激活。放上配制好的流动相，打开泵，平衡色谱柱，到基线基本走平为止。

4. 定性分析

取标准使用液 10μL，注入高效液相色谱仪进行分离，以其标准使用液峰的保留时间为依据进行定性分析。

5. 定量分析

（1）直接比较法　将待测物质的峰面积与该物质的标准品的峰面积直接比较进行定量分析。通常要求标准品的浓度与被测组分的浓度接近，以减小定量误差。

（2）标准曲线法　分别取苯甲酸、山梨酸、糖精钠的标准储备液 0.0mL、0.5mL、1.0mL、1.5mL、2.0mL、2.5mL、3.0mL，三种储备液混合放入 10mL 容量瓶中定容至刻度，使其浓度为 $0.00mg \cdot mL^{-1}$、$0.05mg \cdot mL^{-1}$、$0.10mg \cdot mL^{-1}$、$0.15mg \cdot mL^{-1}$、$0.20mg \cdot mL^{-1}$、$0.25mg \cdot mL^{-1}$、$0.30mg \cdot mL^{-1}$。分别取 25μL 进样，以浓度为横坐标、峰面积为纵坐标作标准曲线。

（3）样品分析　取处理好的样品溶液 25μL 注入色谱仪，根据苯甲酸、山梨酸、糖精钠的峰面积，从标准曲线上查出各自的含量 m_i，再计算出实际的含量（$g \cdot kg^{-1}$）。

五、实验记录与数据处理

1. 直接比较法

$$m_i = (A_i / A_s) \times m_s$$

式中，A_i 为被测物质的峰面积；A_s 为标准物的峰面积；m_s 为进样体积中标准物的质量，mg；m_i 为进样体积中被测物的质量，mg。

2. 标准曲线法

由标准曲线查出 m_i的含量。

$$m_{苯甲酸钠} = 1.18m_{苯甲酸}\text{；}m_{山梨酸钾} = 1.34m_{山梨酸}$$

六、思考题

1. 流动相为什么要进行脱气？

2. 本实验中，为什么能用紫外检测器进行检测？230nm 是不是苯甲酸钠、山梨酸钾、糖精钠的最佳紫外吸收波长？

实验六 液相色谱外标法测定蔬菜中的维生素含量

一、实验目的

1. 了解液相色谱仪的基本结构和反相液相色谱法的原理、优点及应用。
2. 掌握液相色谱基本操作技术和液相色谱外标法。

二、实验原理

蔬菜是人类膳食中维生素 C 的主要来源，蔬菜的抗癌作用、增强免疫作用以及营养价值与蔬菜中维生素 C 的含量有密切的关系。因此，对蔬菜中维生素 C 含量的测定是蔬菜营养品质评价的重要指标。

维生素 C 的稳定性差，对维生素 C 的测定在准确的基础上还要求快速。维生素 C 的国际测定方法为 2,6-二氯靛酚滴定法，终点时稍过量的 2,6-二氯靛酚使无色溶液呈淡红色。虽然该法简便快速，但像苋菜等蔬菜的草酸提取液颜色差别很大，使终点观察非常困难。本实验采用高效液相色谱标准曲线法进行维生素 C 含量测定。

标准曲线法是用标准样品配制成不同浓度的标准系列，在与待测组分相同的色谱条件下，等体积准确进样，测量各峰的峰面积（或峰高），用峰面积或峰高对样品浓度绘制标准曲线，进而计算试液中待测组分含量的方法。

三、主要试剂和仪器

1. 草酸溶液（0.5%）。
2. 高效液相色谱仪（紫外-可见光谱检测器）。
3. 超声波萃取仪。
4. 高速离心机。
5. 滤膜过滤装置。

四、实验步骤

1. 流动相的配制

称取 2.5g $H_2C_2O_4 \cdot 2H_2O$ 于烧杯中，加 500mL 纯水溶解，然后用 0.45μm 滤膜真空减压过滤。

2. 标准溶液的制备

准确称取 20.0mg 分析纯维生素 C，加入 5.00mL 0.5% $H_2C_2O_4$ 溶液，混匀，用 0.45μm 滤膜过滤，稀释至 50mL。然后分别量取 10.0μL、20.0μL、30.0μL、40.0μL、50.0μL，加 0.5%草酸溶液稀释至 50mL 备用。

3. 试样溶液的制备

取新鲜蔬菜如苋菜的可食部分，切碎、混匀，称取 25g，加 0.5%草酸溶液 50mL，超声波萃取 10min，再加 0.5%草酸溶液 50mL，混匀，离心分离，用 0.45 μm 滤膜过滤备用。

4. 色谱分析条件

色谱柱：C_{18}（3.9 mm×250 mm，Nova-pak）。流动相：0.1%草酸。

流动相流速：0.6mL·min^{-1}。紫外检测波长：254nm。进样体积：20μL。

5. 系列标准溶液和试样溶液的测定

分别吸取 50μL 系列标准溶液和试样溶液，注入色谱柱进行色谱分离，记录色谱峰面积，计算待测组分含量。

五、实验记录与数据处理

表 1 系列标准溶液测定结果

项目	系列标准溶液				
	1	2	3	4	5
ρ/mg·L^{-1} t_R/min A					

表 2 蔬菜中维生素 C 含量测定

项目	试样溶液		
	1	2	3
t_R/min A w(维生素 C)/% 平均 w(维生素 C)/% 平均相对标准偏差/%			

六、注意事项

1. 由于维生素 C 容易被氧化，因此，在标准维生素 C 溶液及试样溶液中，须加入草酸予以保护。

2. 流动相、试样溶液和标准溶液在使用之前都要经 0.45μm 滤膜过滤。

3. 为了保证进样准确，进样时必须多吸取一些待测溶液（约为定量环体积的 3 倍），使溶液充满定量环。

七、思考题

1. 本实验中如何确定试样中维生素 C 的色谱峰？

2. 标准曲线法中是否可以用峰高代替峰面积进行定量分析？为什么？

第十一章

综合性和设计性实验

基础实验主要偏重验证性，有很多成熟的实验项目可选择；而综合性和设计性实验要求涉及本课程的综合知识或者与本课程相关的课程知识，实验目的是使学生在正确掌握准确称量和各种分析方法基本操作的基础上，进一步熟悉和巩固相关知识及基本实验操作技能，培养学生根据题目要求，灵活运用所学知识，通过查阅相关资料，自行拟定实验方案的能力和创新意识。

第一部分　综合性实验

实验一　甲基橙的合成、pH 变色域的确定及离解常数的测定

一、甲基橙的合成

（一）实验目的

1. 掌握偶氮化反应的实验条件。
2. 掌握重结晶的方法。

（二）实验原理

低温时：先将对氨基苯磺酸钠在酸性条件下制成重氮盐，然后在乙酸介质中与 *N*,*N*-二甲基苯偶合，最后在碱性条件下制成钠盐。重结晶后，得纯净的甲基橙。反应式如下：

$$H_2N-C_6H_4-SO_3H + NaOH \longrightarrow H_2N-C_6H_4-SO_3Na + H_2O$$

$$H_2N-C_6H_4-SO_3Na \xrightarrow[HCl]{NaNO_2}$$

$$[HO_3S-C_6H_4-N{\equiv}N]^+Cl^- \xrightarrow[HAc]{C_6H_5N(CH_3)_2}$$

$$[HO_3S-C_6H_4-N{=}N-C_6H_4-\overset{H}{N}(CH_3)_2]^+Ac^- \xrightarrow{NaOH}$$

$$NaO_3S-C_6H_4-N{=}N-C_6H_4-N(CH_3)_2 + NaAc + H_2O$$

常温时：传统的逆加法重氮化必须在低温、强酸性环境中进行；改良法突破了低温反应条件的限制，充分利用对氨基苯磺酸本身的酸性来完成重氮化，反应式如下：

$$H_2N-C_6H_4-SO_3H + NaNO_2 \longrightarrow H_2N-C_6H_4-SO_3Na + HNO_2$$

$$H_2N-C_6H_4-SO_3Na + HNO_2 \longrightarrow NaO_3S-C_6H_4-N{=}N-OH + H_2O$$

$$NaO_3S-C_6H_4-N{=}N-OH + C_6H_5-N(CH_3)_2 \longrightarrow$$

$$NaO_3S-C_6H_4-N{=}N-C_6H_4-N(CH_3)_2 + H_2O$$

（三）主要试剂和仪器

1. 对氨基苯磺酸钠、亚硝酸钠、*N*,*N*-二甲基苯胺、氢氧化钠、浓盐酸、冰醋酸、乙醇，均为分析纯。

2. 淀粉-碘化钾试纸。

3. 三口烧瓶、分液漏斗、回流冷凝管。

4. 磁力搅拌器、循环水泵、双光束分光光度计。

（四）实验步骤

1. 常规低温制备甲基橙的方法

（1）重氮盐的制备　在100mL烧杯中放置10mL 5%氢氧化钠溶液及2.1g对氨基苯磺酸晶体，温热使之溶解。再溶解0.8g亚硝酸钠于6mL水中，加入上述烧杯内，用冰盐浴冷却至0～5℃。在不断搅拌下，将3mL浓盐酸与10mL水配成的溶液缓缓滴加到上述混合溶液中，并控制温度在5℃以下。滴加完后用淀粉-碘化钾试纸检验。然后在冰盐浴中放置15min，以保证反应完全。

（2）偶合　在试管内混合1.2g *N*,*N*-二甲基苯胺和1mL冰醋酸，在不断搅拌下，将此溶液慢慢滴加到上述冷却的重氮盐溶液中。加完后，继续搅拌10min，然后慢慢加入25mL 5%氢氧化钠溶液，直至反应液变为橙色，这时反应液呈碱性，粗制的甲基橙呈细粒状沉淀析出。将反应液在沸水浴上加热 5min，冷却至室温后，再在冰水浴中冷却，使甲基橙晶体析出完全。抽滤，收集结晶，依次用少量水、乙醇洗涤，晾干。

若要得到较纯的产品，可用溶有少量氢氧化钠（约 0.1～0.2 g）的沸水（每克粗产品约需 25mL）进行重结晶。待结晶析出完全后，抽滤，沉淀用少量乙醇洗涤，得到橙色的小叶片状甲基橙结晶，称重，计算收率。

溶解少许甲基橙于水中，加几滴稀盐酸溶液，接着用稀氢氧化钠溶液中和，观察颜色变化。

2. 常温下一步制备甲基橙的方法

在 100mL 三口烧瓶中加入 2.1g 对氨基苯磺酸、0.8g 亚硝酸钠和 30mL 水，三口烧瓶的中间口装电动搅拌器，两侧口装滴液漏斗和回流冷凝管，开动搅拌至固体完全溶解。用量筒量取 1.3mL *N*,*N*-二甲基苯胺，并用两倍体积乙醇洗涤量筒后一并加入滴液漏斗。边搅拌边慢慢滴加 *N*,*N*-二甲基苯胺。滴加完毕，继续搅拌 20min，再滴入 3mL 1.0mol·L^{-1} NaOH 溶液，搅拌 5min 得到混合物。将该混合物加热溶解，静置冷却，待生成片状晶体后抽滤得粗产物。粗产物用水重结晶后抽滤，并用 10mL 乙醇洗涤，以促其快干，得橙红色片状晶体。干燥，称重，计算目标产物的收率。

在常温条件下，二甲基苯胺以游离形式存在，由于—$N(CH_3)_2^+$ 的强供电子共轭效应，使二甲基苯胺中苯环上的电子云密度增加，有利于重氮离子对其进行亲电取代反应。因此，重氮离子一旦生成，就立即与二甲基苯胺发生偶联而生成产物。

3. 常温下两步制备甲基橙的方法

（1）对氨基苯磺酸的重氮化反应　在 100mL 烧杯中加入 25mL 蒸馏水（或 25mL 95%乙醇）、2.0g 对氨基苯磺酸和 0.8g 亚硝酸钠，室温下迅速搅拌 5min，固体全部溶解，溶液由黄色转变成橙红色（pH=5.6）。

（2）偶合生成甲基橙　在上述溶液中迅速加入 1.3mL 新蒸馏过的 *N*,*N*-二甲基苯胺，将烧杯置于磁力搅拌器平台上搅拌 20min，反应液逐渐黏稠并呈红褐色，继续搅拌至反应液黏度下降，静置至反应液中有大量亮橙色晶体析出。

（五）注意事项

① 对氨基苯磺酸是两性化合物，酸性比碱性强，以酸性内盐的形式存在，所以它能与碱作用成盐而不能与酸作用成盐。

② 若淀粉-碘化钾试纸不显蓝色，尚需补充亚硝酸钠溶液。

③ 实验过程中往往析出对氨基苯磺酸的重氮盐。这是因为重氮盐在水中可以电离，形成中性内盐（$^-O_3S-C_6H_4-\overset{+}{N}\equiv N$），低温时该中性内盐难溶于水而形成细小晶体析出。

④ 若反应物中含有未作用的 *N*,*N*-二甲基苯胺磺酸盐，加入氢氧化钠后，就会

有难溶于水的 *N*,*N*-二甲基苯胺析出，影响产物的纯度。湿的甲基橙在空气中受光照射后，颜色很快变深，所以一般得到紫红色粗产物。

⑤ 重结晶操作应迅速，否则由于产物呈碱性，温度高时产物易变质，颜色变深。用乙醇、乙醚洗涤的目的是使其迅速干燥。

⑥ 甲基橙的另一制法：在 100mL 烧杯中放置 2.1g 磨细的氨基苯磺酸（0.012mol）和 20mL 水，在冰盐浴中冷却至 0℃左右。然后加入 0.8g 磨细的亚硝酸钠，不断搅拌，直到对氨基苯磺酸全溶为止。在另一试管中放置 1.2g*N*,*N*-二甲基苯胺，使其溶于 15mL 乙醇中，冷却到 0℃左右。然后在不断搅拌下滴加到上述冷却的重氮化溶液中，继续搅拌 2～3min。在搅拌下加入 2～3mL 1mol·L^{-1} 氢氧化钠溶液。

将烧杯置于放有石棉网的电炉上加热，直至杯内全部物质溶解。先静置冷却，待生成相当多小叶片状晶体后，再于冰水中冷却，抽滤，产品可用 15～20mL 水重结晶，并用 5mL 酒精洗涤，以促其快干。产品为橙色，颜色均一。干燥，称重后，计算收率，并与常规低温制备甲基橙方法的收率进行比较。

（六）思考题

1. 什么叫偶联反应？试结合本实验讨论一下偶联反应的条件。

2. 在本实验中，制备重氮盐时为什么要把对氨基苯磺酸变成钠盐？

二、pH 变色域的测定

（一）实验目的

1. 通过对酸碱指示剂 pH 变色域的测定以及对指示剂在整个变色区域内颜色变化过程的观察，使学生在酸碱滴定实验中对如何判断终点颜色有一个准确的认识。

2. 了解常用缓冲溶液的制备方法。

（二）实验原理

酸碱指示剂的 pH 变色域是指指示剂颜色因溶液 pH 值的改变所引起的有明显变化的范围。指示剂颜色在 pH 变色域内是逐渐变化的，呈混合色。pH 变色域有两个端点变色点，其中一个变色点称酸式色，另一个变色点称碱式色，这两个端点，均为颜色不变点。在酸碱滴定中，我们目视的终点通常是变色域的一个端点或中间点。

本实验是根据酸碱指示剂在不同 pH 值的缓冲溶液中颜色变化的特性确定不同酸碱指示剂的 pH 变色域。

（三）主要试剂和仪器

1. 邻苯二甲酸氢钾溶液（0.2mol·L^{-1}）：准确称取 20.4220 g 在（105±2)℃干燥至恒重的邻苯二甲酸氢钾，用水溶解后，转移至 500mL 容量瓶，稀释至刻度后摇匀。

2. NaOH 溶液（0.1mol·L^{-1}）：称取 NaOH 2.0g 溶于 500mL 水中。以邻苯二甲酸氢钾为基准物质，标定其浓度，并调节到 0.1000mol·L^{-1}。

3. HCl 溶液（0.1mol·L^{-1}）：量取浓盐酸 5.0mL，加水稀释至 500mL，用 NaOH 标准溶液标定其浓度，并调整为 0.1000mol·L^{-1}。

4. 甲基橙（0.1%水溶液）：称取 0.10g 甲基橙，加水溶解并稀释至 100mL。

5. 比色管（25mL，6 支），吸量管（5mL，4 支；1mL，4 支）。

6. 分光光度计：722 型（配 2 只 10 mm 吸收池），pHS-3C 型酸度计。

（四）实验步骤

甲基橙 pH 变色域的测定[参考值:pH 3.1(红)～4.4(黄)]：按下表，在 6 支比色管中加入各种试剂，配成 pH 2.8～4.6 的缓冲溶液，然后各加入 0.10mL 甲基橙溶液，用水稀释至 25mL 标线，摇匀。进行目视比色，确定两端变色点和中间变色点。

表 1 pH 2.8～4.6 的缓冲溶液配制方案

加入量/mL \ pH 物质	2.8	3.0	3.2	3.6	3.8	4.0	4.2	4.4	4.6
HCl/mL	7.23	5.58	3.93	1.60	0.73	0.02			
NaOH/mL							0.75	1.65	2.78
$C_8H_5O_4K$/mL	6.25	6.25	6.25	6.25	6.25	6.25	6.25	6.25	6.25

（五）注意事项

1. 表中体积是按照 0.1mol·L^{-1} HCl 溶液和 0.1mol·L^{-1} NaOH 溶液计算而得，所以要么先配制 0.100mol·L^{-1} HCl 溶液和 NaOH 溶液，要么先配制 0.1mol·L^{-1} HCl 溶液和 NaOH 溶液再根据具体的浓度值进行换算。比如实测 0.1mol·L^{-1} HCl 浓度为 0.0958mol·L^{-1}，故 pH＝2.8 时，应加的 HCl 体积为 7.55mL，而不是 7.23mL。如此类推。

2. 邻苯二甲酸氢钾溶液、HCl 溶液或 NaOH 溶液需要准确加入。若在两个点之间有颜色变化，则需在两个点之间加一个点。比如 pH＝3.0 时，溶液为红色；而 pH＝3.2 时，溶液为橙色；故需加 pH＝3.1 这个点。

（六）思考题

1. 实验中为什么要用不含 CO_2 的水？

2. 酸碱指示剂的变色机理是什么？

三、光度法测定甲基橙的离解常数

（一）实验目的

1. 通过测量甲基橙在不同酸度条件下的吸光度，求出甲基橙的离解常数。
2. 了解光度法在研究离解平衡中的应用。
3. 掌握光度法测定原理，学会分光光度计的操作。

（二）实验原理

甲基橙的酸式和碱式具有不同的吸收光谱，甲基橙溶液的颜色取决于其酸式和碱式的比例，可选择两者有最大吸收差值的波长（520nm）进行测量。

甲基橙在 pH>4.4 呈黄色，pH<3.1 呈红色。当甲基橙溶液在 pH 3.1～4.4 之间，有下列平衡关系式：

$$\underset{\text{酸式(红色)}}{HIn} + H_2O \rightleftharpoons H_3O^+ + \underset{\text{碱式(黄色)}}{In^-}$$

$$K=\frac{[H_3O^+][In^-]}{[HIn]}$$

实验时，配制甲基橙浓度相同，但 pH 值不同的三种溶液。在 pH > 4.4 的溶液中，主要以其碱式 In^- 形式存在，设在波长 520nm 处的吸光度为 A_1；在 pH< 3.1 的溶液中，主要以其酸式 HIn 形式存在，设在波长 520nm 处的吸光度为 A_2；在已精确测知 pH 值（在 pH 3.1～4.4 之间）的缓冲溶液中，甲基橙以 HIn、In^- 形式共存，设在波长 520nm 处的吸光度为 A_3；缓冲溶液的氢离子浓度为 $[H_3O^+]$；以 HIn 形式存在的百分比为 δ；以 In^- 形式存在的百分比为 $1-\delta$。则

$$A_3=\delta A_2+(1-\delta)A_1$$

$$K_{HIn}=\frac{[H_3O^+](1-\delta)}{\delta}$$

$$\delta=\frac{A_3-A_1}{A_2-A_1},\ 1-\delta=\frac{A_2-A_3}{A_2-A_1}$$

$$K_{HIn}=\frac{[H_3O^+](A_2-A_3)}{A_3-A_1}$$

在测量时，如以指示剂的碱式（In^-）溶液作参比溶液，则 $A_1=0$，

$$K_{HIn}=\frac{[H_3O^+](A_2-A_3)}{A_3}$$

由测定的吸光度值，可求得离解常数。

（三）主要试剂和仪器

1. 盐酸（$1.00mol\cdot L^{-1}$）。
2. 甲基橙（钠盐）溶液（$1.25\times10^{-4}mol\cdot L^{-1}$）。
3. HAc-NaAc 标准缓冲溶液：pH=4.003。

4. 吸量管（1mL、5mL、10mL）。

5. 比色管（25mL）。

6. 分光光度计：722 型。

(四) 实验步骤

取三支比色管按下列方法配制溶液：

① 10.00mL 甲基橙水溶液；

② 10.00mL 甲基橙水溶液和 1.00mL 盐酸溶液；

③ 10.00mL 甲基橙水溶液和 10.00mL pH≈4 标准缓冲溶液。

将以上各溶液用水稀释到刻度，摇匀。以比色管①中的溶液为参比溶液，用 1cm 液槽，在波长 520nm 处，测量上述各溶液的吸光度，分别测得 A_2、A_3。

(五) 注意事项

1. 测试前，分光光度计和酸度计需预热并调试好。

2. 甲基橙的 pH 变色范围在 3.1～4.4 之间，故配制标准溶液时需控制 pH 值为 3.6～4.0，以减小测定误差。

3. 要准确配制 pH≈4 标准缓冲溶液，其准确与否直接影响测定结果。

(六) 思考题

1. 改变甲基橙浓度对测定结果有何影响？

2. 温度对测定离解常数有影响吗？

3. 改变缓冲溶液的总浓度对测定结果有影响吗？

实验二　枸杞籽中多糖的提取和含量测定

一、实验目的

1. 了解枸杞籽中多糖的提取和含量测定方法。
2. 掌握一些特殊分离方法的基本原理和实验操作。

二、实验原理

枸杞籽含有多种营养成分和微量元素，其有效成分枸杞多糖（LBP）具有广泛的药理学作用，可促进造血、降血脂、保肝及治疗神经衰弱等。枸杞多糖（LBP）是由多个单糖或衍生物聚合而成的大分子活性化合物，是枸杞生物学作用的主要有效成分之一。

枸杞多糖成分在 H_2SO_4 的作用下可水解成单糖，并迅速脱水生成糠醛衍生物。该衍生物与苯酚缩合成有色化合物，采用分光光度法于 490nm 处比色测定枸杞多糖含量。枸杞籽水提物中含有单糖、低聚糖等杂质，且呈红色，因此在测定之前要先用乙醇除去单糖、低聚糖等杂质，并以丙酮-石油醚脱脂脱色，才不至于对测定产生干扰。

三、主要试剂和仪器

1. 葡萄糖标准液：精确称取 105℃干燥恒重的标准葡萄糖 100mg，置 100mL 容量瓶中，加蒸馏水溶解并稀释至刻度。

2. 苯酚溶液：取苯酚 100g，加铝片 0.1g、碳酸氢钠 0.05g，蒸馏收集 182℃馏分，称取此馏分 10g，加蒸馏水 150mL，置棕色瓶中备用。

3. 新鲜枸杞籽。

4. 石油醚，80%乙醚，氯仿，活性炭，95%乙醇，浓硫酸，80%乙醇，无水乙醇，丙醇。

5. 紫外分光光度计。

6. 真空干燥器，减压浓缩装置，回流装置，蒸馏装置。

四、实验步骤

1. 枸杞多糖的提取与精制

称取剪碎的枸杞子 100g，经石油醚（60～90℃）500mL 回流脱脂 2 次，每次 2 h，回收石油醚。再用 80%乙醚 500mL 浸泡过夜，回流提取 2 次，每次 2h，在滤渣中加蒸馏水 3000mL，90℃热提取 1h，滤液减压浓缩至 300mL，用氯仿多次萃取，以除去蛋白质。加活性炭 1%脱色，抽滤，滤液加入 95%乙醇，使含醇量达

80%，静置过夜。过滤，沉淀物用无水乙醇、丙醇、乙醚多次洗涤，真空干燥，即得枸杞多糖。

2. 标准曲线的绘制

吸取葡萄糖标准液 10μL、20μL、40μL、60μL、80μL、100 μL，分别置于带塞贴标签试管中，各加蒸馏水至体积为 2.0mL，再加苯酚溶液 1.0mL，摇匀，迅速滴加浓硫酸 5.0mL，摇匀后放置 5min，置沸水浴中加热 15min，取出冷却至室温；另取蒸馏水 2mL 置于带塞试管中，加入与配制标准溶液相同量的苯酚和浓硫酸，同上操作做空白对照，于 490nm 处测吸光度。

3. 换算因素的测定

准确称取枸杞多糖 20 mg，置 100mL 容量瓶中，加蒸馏水溶解并稀释至刻度(储备液)，吸取储备液 200mL，测定吸光度。从标准曲线中求出试液中葡萄糖的含量并按下式计算换算因素

$$F = m/(pD)$$

式中，m 为多糖质量。μg；p 为多糖液中葡萄糖的浓度，μg/mL；D 为多糖的稀释因素。

4. 样品溶液的制备

准确称取样品粉末 0.2g，置于圆底烧瓶中，加 80%乙醇 100mL 回流提取 1h，趁热过滤，残渣用 80%乙醇洗涤 3 次，每次 10mL。残渣连同滤纸置于烧瓶中，加蒸馏水 100mL，加热提取 1h。趁热过滤，残渣用热水洗涤 3 次，每次 10mL。洗液并入滤液，放冷后移入 250mL 容量瓶中，稀释至刻度，备用。

5. 样品中多糖的测定

吸取适量样品液，加蒸馏水至 2mL，按标准曲线测定方法测吸光度 A，由标准曲线查得样品液中葡萄糖含量。

6. 结果计算

$$\text{多糖含量} = \frac{pDF}{m} \times 100\%$$

式中，p 为样液葡萄糖浓度，$\mu g \cdot mL^{-1}$；D 为样品液稀释因素；F 为换算因素；m 为样品质量，μg。

五、思考题

1. 枸杞多糖提取采用水或极性有机溶剂各有什么利弊？对一种生物活性物质的提取应该注意哪些问题？

2. 本法中多糖测定的原理是什么？你认为有无其他简单的方法？

实验三　乙二胺四乙酸铁钠的制备及组成测定

一、实验目的

1. 掌握乙二胺四乙酸铁钠的制备方法。
2. 了解乙二胺四乙酸铁钠组成测定的方法。

二、实验原理

乙二胺四乙酸铁钠（NaFeEDTA）是一种新的补铁剂，相比硫酸亚铁而言，它的性质稳定、对胃肠无刺激、在人体内吸收率高，还可促进内源性铁的吸收并具有排毒作用，因而受到广泛关注。

本实验采用两步法制备乙二胺四乙酸铁钠。第一步，制备氢氧化铁；第二步，采用EDTA二钠盐和新鲜制备的氢氧化铁来制备目标产物。然后利用重铬酸钾法测定铁，利用EDTA滴定法测定EDTA，利用挥发法测定结晶水含量，最后利用差减法算出钠的含量。由此，可测出乙二胺四乙酸铁钠的组成。本实验也可采用EDTA二钠盐和$FeCl_3$直接制备乙二胺四乙酸铁钠。反应如下：

$$Fe^{3+} + Na_2H_2EDTA \longrightarrow NaFeEDTA + Na^+ + 2H^+$$

三、主要试剂和仪器

1. $FeCl_3 \cdot 6H_2O$。
2. 乙二胺四乙酸（H_4EDTA）。
3. 乙二胺四乙酸二钠（$Na_2H_2EDTA \cdot 2H_2O$）。
4. 碳酸氢钠（分析纯）。
5. NaOH（分析纯）。
6. HCl（$6mol \cdot L^{-1}$）。
7. HNO_3（$14mol \cdot L^{-1}$）。
8. 氨水（$7mol \cdot L^{-1}$）。
9. 无水乙醇。
10. $KMnO_4$（$20g \cdot L^{-1}$水溶液）。
11. $K_2Cr_2O_7$标准溶液：准确称取在150～180℃烘干2h的$K_2Cr_2O_7$ 0.7～0.8g，置于100mL烧杯中，加50mL水搅拌至完全溶解，然后定量转移至250mL容量瓶中，用水稀释至刻度，摇匀。
12. 氯化亚锡溶液（15%和2%的$6mol \cdot L^{-1}$ HCl溶液）：在天平上称取15g $SnCl_2 \cdot 2H_2O$于250mL经干燥的烧杯内，加入浓盐酸50mL，加热溶解后，边搅拌边慢慢加入水，稀释成质量分数为15%的溶液，并放入锡粒，这样可保存几天，

2%的溶液则在用前把15%的溶液用1∶1 HCl溶液稀释制成。

13. 硅钼黄指示剂：称取硅酸钠（$Na_2SiO_3 \cdot 9H_2O$）1.35g溶于10mL水中，加5mL HCl混匀后，加入5%钼酸铵溶液25mL，用水稀释至100mL，放置3天后使用。

14. 二苯胺磺酸钠指示剂（0.5%水溶液）。

15. 硫磷混酸：将150mL浓硫酸加入至700mL水中，冷却后，再加入150mL磷酸，混匀。

16. 六亚甲基四胺（20%水溶液）。

17. 二甲酚橙（0.2%水溶液）。

18. 铅标准溶液（0.02000mol·L^{-1}）。

四、实验步骤

1. $NaFeEDTA \cdot 3H_2O$的合成

（1）乙二胺四乙酸为原料　将H_4EDTA 2.92g与2.70g $FeCl_3 \cdot 6H_2O$溶于20mL水中，加热下搅拌得黄色澄清溶液，然后将1.92g $NaHCO_3$分步加入黄色溶液中，颜色由黄色变为橙色，继续加热搅拌，至溶液变浑浊。停止加热搅拌，静置，过滤，乙醇洗涤，水洗沉淀，直到无氯离子为止（用硝酸银溶液加硝酸检验）。50℃干燥24h后得粉晶产物，计算产率。将上述得到的粉末溶于适量水中，加热使其沸腾，然后向沸腾液中不断滴加乙醇，当溶液变浑浊后，继续滴加，直到浑浊不再消失为止，加热近沸（或再加入少量水使其溶解，澄清），静置，自然析出红褐色晶体。

（2）乙二胺四乙酸二钠为原料　将3.72g $Na_2H_2EDTA \cdot 2H_2O$和2.70g $FeCl_3 \cdot 6H_2O$溶于20mL水中，然后用碳酸氢钠调节pH=5，反应30min。静置，抽滤，干燥后得到$NaFeEDTA \cdot 3H_2O$粉晶，产率73.4%。

（3）两步法合成　第一步，氢氧化铁的制备：将称取的4.8g氢氧化钠溶于100mL去离子水中，再称取10.8g三氯化铁溶于适量的去离子水后加入上述氢氧化钠溶液中，充分搅拌，待反应完全后，过滤，得氢氧化铁沉淀。再将此沉淀水洗3遍，最后制得氢氧化铁纯品。

第二步，NaFeEDTA的制备：先将16.4g Na_2EDTA溶于200mL 60～70℃的去离子水中使成Na_2EDTA溶液。将上述Na_2EDTA溶液倒入500mL圆底烧瓶中，在不断搅拌下分次加入上述制得的4.28g氢氧化铁。调溶液的pH值至8，在100℃水浴下恒温加热2h，趁热过滤。将滤液减压浓缩至黏稠状（密度为1.3～1.5g·L^{-1}），冷却后加入95%（体积分数）的乙醇，搅拌至变成固体状（醇洗3次）。烘干，机械搅拌至呈细粒状，再烘干，得黄棕色粉末状产品。

2. $NaFeEDTA \cdot 3H_2O$组成测定

（1）铁含量测定　产物经盐酸溶解后，采用重铬酸钾法测定。

准确称取 0.50～0.65g 干燥的产物 3 份，分别置于 250mL 锥形瓶中，加少量水使试样湿润，然后加入 20mL 1∶1 HCl 溶液，于电热板上温热至试样分解完全。若溶样过程中盐酸蒸发过多，应适当补加，用水吹洗瓶壁，此时溶液的体积应保持在 25～50mL 之间，将溶液加热至近沸，趁热滴加 15%氯化亚锡溶液至溶液由棕红色变为浅黄色，加入 3 滴硅钼黄指示剂，这时溶液应呈黄绿色，滴加 2%氯化亚锡溶液至溶液由蓝绿色变为纯蓝色，立即加入 100mL 蒸馏水，置锥形瓶于冷水中迅速冷却至室温；然后加入 15mL 磷硫混酸、4 滴 0.5%二苯胺磺酸钠指示剂，立即用 $K_2Cr_2O_7$ 标准溶液滴定至溶液呈亮绿色，再慢慢滴加 $K_2Cr_2O_7$ 标准溶液至溶液呈紫红色，即为终点。计算产物铁的质量分数。

(2) EDTA 含量测定　准确称取 0.7～0.8g 产物，经盐酸溶解后，经过阳离子交换树脂，得到不含铁离子的溶液，然后经调 pH 后，稀释至 100mL 容量瓶中，备用。

准确移取 25.00 试样 3 份分别置于 250mL 锥形瓶中，加入二甲酚橙 1 滴，摇匀，加入六亚甲基四胺 5mL，再用 $7mol \cdot L^{-1}$ HNO_3 调至溶液刚变亮黄色，用铅标准溶液滴定至呈红紫色即为终点。计算试样中 EDTA 的质量分数。

(3) 结晶水含量测定　利用挥发法测定产物中结晶水含量，由此可确定结晶水数目。

(4) 钠含量测定　铁、EDTA、结晶水含量确定后，钠含量即可知。

五、注意事项

1. 以硅钼黄作指示剂，用氯化亚锡还原三价铁时，氯化亚锡要一滴一滴地加入，并充分摇动，以防止氯化亚锡过量，否则会使结果偏高。如氯化亚锡已过量，可滴加 2% $KMnO_4$ 溶液至溶液再呈亮绿色，继续用氯化亚锡溶液调节之。

2. 铁还原完全后，溶液要立即冷却，及时滴定，久置会使 Fe^{2+} 被空气中的氧氧化。

3. 滴定接近终点时，$K_2Cr_2O_7$ 要慢慢地加入，过量的 $K_2Cr_2O_7$ 会使指示剂的氧化型破坏。

4. 试样若不能被盐酸分解完全，则可用硫磷混酸分解，溶样时需加热至水分完全蒸发，出现三氧化硫白烟，白烟脱离液面 3～4cm。但应注意加热时间不能过长，以防止生成焦磷酸盐。

5. 合成时，使用乙二胺四乙酸二钠为原料较为方便，建议优先使用。

六、思考题

1. 本实验中，你认为有其他方法测定 EDTA 含量吗？

2. 本实验是否可以采用分光光度法测定铁含量？

3. 你能说出常量分析测定钠含量的方法吗？

实验四 槐米中芦丁的提取、结晶与含量测定

一、实验目的

1. 了解碱提酸沉法提取黄酮类化合物的原理及操作。
2. 通过芦丁结构的鉴定，了解苷类结构研究的一般程序和方法。
3. 学习芦丁分析方法。

二、实验原理

芦丁亦称芸香苷，广泛存在于植物中，现已发现的含芦丁的植物有 50 种以上，其中以槐米和荞麦叶中含量较高，槐米中含量高达 12%～16%，是提取芦丁的最佳原料，可作为大量提取芦丁的原料。芦丁属于黄酮类化合物，在心脑血管疾病的治疗上起举足轻重的作用，它有助于保持毛细血管的正常弹性，同时还具有抗病毒、抗氧化等作用。

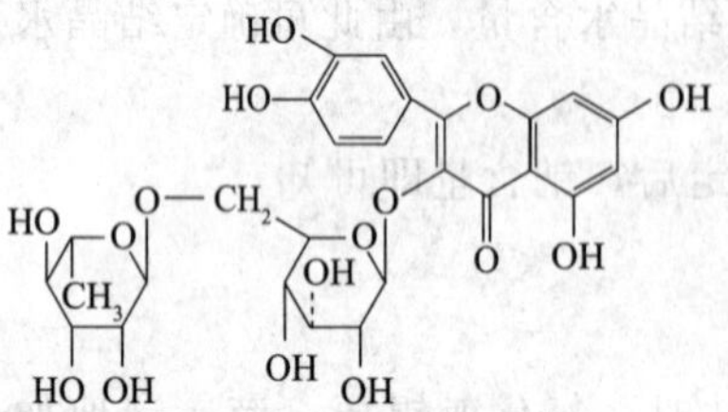

图 11-1 芦丁分子结构

纯芦丁为淡黄色针状结晶，含有三分子结晶水（$C_{27}H_{30}O_{16}\cdot 3H_2O$），分子结构见图 11-1。熔点为 177～178℃，无水物熔点为 190～192℃，难溶于冷水，微溶于冷乙醇，可溶于热水和热乙醇。此外，还难溶于乙酸乙酯、丙酮，不溶于苯、氯仿、乙醚及石油醚等溶剂。芦丁分子中含有酚羟基，显酸性，可溶于稀碱液中，在酸液中沉淀析出，可利用此性质进行提取分离。利用芦丁易溶于热水、热乙醇，较难溶于冷水、冷乙醇的性质选择重结晶方法进行精制。采用液相色谱法进行含量测定。

三、主要试剂和仪器

1. 芦丁标准品。
2. 甲醇（色谱醇）。
3. 槐米。
4. 高效液相色谱仪（紫外-可见检测器）。
5. 紫外分光光度计。
6. 电热恒温干燥箱。
7. 超声波清洗仪。
8. 高速离心机。

四、实验步骤

1. 芦丁的提取（碱提酸沉法）

称取槐米 20g 置 500mL 烧杯中，加入沸水 400mL 及 1g 硼砂，于石棉网上加热至微沸，用石灰乳调节 pH 8～9，保持微沸 30min，随时补充失去的水分及控制 pH 值。过滤沉淀，沉淀渣再重复处理 1 次（不用调 pH 值），合并两次滤液。待滤液温度降至 60～70℃时用浓盐酸调 pH 4～5 之间，当温度降至室温时放入冰箱静置 12h，沉淀完全。慢慢倾去上清液后，抽滤，沉淀用少量冷水洗涤 2～3 次，抽干即得到芦丁的粗产物。

2. 芦丁的精制

称量粗品芦丁的质量，按约 1∶200 的比例悬浮于蒸馏水中，煮沸 10min 使芦丁全部溶解，趁热抽滤，冷却滤液，静置析晶。置于空气中晾干或 60～70℃干燥，得精制芦丁。

3. 芦丁的纯化

将以上得到的粗芦丁产品约 1.5g，加甲醇 3～4mL，使之溶解。加入柱色谱用硅胶（60～100 目）1g，轻轻搅拌，在水浴上赶去甲醇（通风橱内进行），待用。

将色谱柱垂直夹在铁架台上。关闭柱塞，加蒸馏水约至色谱柱一半高。将 4.5g 聚酰胺（60～100 目）倒在烧杯中，加蒸馏水 50g，轻轻摇动烧杯使之均匀，再打开柱塞使柱内水不断流出的同时，把烧杯内的聚酰胺缓缓加入，使填料装填均匀，无气泡。当色谱柱顶部下降到距聚酰胺层高约 1.5cm 时，关闭柱塞。将上述拌好硅胶的粗芦丁样品倒入柱内，用刮刀轻轻铺平，勿有气泡，再盖上剪好的圆形滤纸。

用 70%工业乙醇洗脱，当有淡黄色的液体从柱下流出时开始收集洗脱液，每次约 25mL，共 6 瓶，依次编好接收瓶号。

取 2.5cm×7.5cm 的硅胶 G 板，每板上点芦丁标准样与接收瓶中的溶液，放入层析缸中，加盖，进行展开（展开剂为乙酸乙酯∶丁酮∶甲酸∶水=5∶3∶1∶1），当展开剂前沿距板端约 1cm 时，取出，晾干。在紫外灯下观察斑点，将只含芦丁的接收瓶溶液合并入一圆底烧瓶中，蒸馏，除去大部分溶剂后（约留 25mL 溶液），趁热倾入一只 100mL 的三角瓶内，冷却即有芦丁析出，抽滤，晾干。

4. 芦丁的鉴定

（1）化学法鉴定　取芦丁适量，加乙醇使之溶解，分成 3 份供下述实验用。

① *α*-萘酚-浓硫酸反应：取样品液适量，加等体积的 10%*α*-萘酚乙醇溶液，摇匀，沿管壁缓加浓硫酸，注意观察两液界面的颜色。出现紫红色环者为阳性反应，表示试样分子中含有糖的结构，糖和苷类均呈阳性反应。

② 锆-枸实验：取样品液适量，然后加 2% $ZrOCl_2$ 甲醇溶液，注意观察颜色变化，再加入 2%枸橼酸甲醇溶液，并详细记录颜色变化。锆盐枸橼酸反应呈阳性，

显示有羟基存在 。

③ 盐酸镁粉实验：取样品液适量，加 2 滴浓盐酸，再酌加少许镁粉，即发生剧烈反应，并逐渐出现红色至深红色。

（2）薄层色谱鉴定　用 3cm×5cm 的聚酰胺膜，选 3 种展开剂展开，展开剂如下：

① 丙酮：水（3：1）。

② 氯仿：甲醇（5：4）。

③ 乙酸乙酯：甲酸：水（8：1：1）。

氨熏后喷 3%三氯化铝显色剂显色，经过重结晶的芦丁样品在上述 3 种展开剂中均应只显 1 个斑点。

（3）紫外光谱法鉴定　取精制样品 10mg，溶于 10mL 光谱纯甲醇中，进行紫外光谱分析，扫描波长为 200～400nm，将扫描所得谱图及最大吸收峰数据与标准数据对照。

（4）红外光谱法鉴定　取精制样品约 1mg，用 KBr 压片法进行红外光谱分析，将所得谱图与标准谱图对照，并解释光谱图中的主要特征峰。

（5）氢核磁共振法鉴定　把芦丁样品与芦丁标准品谱图对照。

5. 芦丁含量测定（HPLC 法）

（1）色谱条件　流动相为甲醇和 4.3%乙酸（55：45），使用前经混合纤维素酯微孔滤膜过滤，超声脱气。流速为 1.0mL·min^{-1}，进样量为 20μL，检测波长为 254nm，芦丁的出峰时间约为 3～4min。

（2）最大波长的选择　配制浓度为 0.200mg·mL^{-1}的芦丁标准品溶液，在紫外分光光度计中扫描。据文献报道，芦丁有 3 个最大吸收波长即 214nm、254nm 和 360nm，由于在 214nm 处干扰因素较多，通常高效液相法选择 254nm 为测定波长。

（3）芦丁标准品溶液及待测试样配制　精密称取经变色硅胶干燥的芦丁标准品 0.01000g、芦丁样品 0.010020g，分别置于 50mL 容量瓶内，用甲醇定容，在超声清洗仪中超声 3min，使之全部溶解。然后分别倒入 EP 管中离心 10min，转速 12000r·min^{-1}，得浓度为 0.200mg·mL^{-1}的芦丁标准品溶液。

（4）标准曲线的绘制　将浓度为 0.200mg·mL^{-1}的芦丁标准品溶液配制成 5μg·mL^{-1}、10μg·mL^{-1}、25μg·mL^{-1}、50μg·mL^{-1}、100μg·mL^{-1}、200μg·mL^{-1}的系列标准溶液。吸取 20μL 进行液相色谱测定，以峰面积为纵坐标，浓度为横坐标，绘制标准曲线并进行线性回归处理，求出回归方程。

（5）样品的含量测定　将配制好的芦丁样品进行测定，将测得的峰面积代入回归方程得到样品中芦丁的含量。

五、实验记录与数据处理

1. 系列标准溶液测定结果。

2. 槐米中芦丁的提取、结晶与含量测定。

六、思考题

1. 为什么提取芦丁时用水作溶剂，而重结晶时用乙醇作溶剂？

2. 为什么从槐米中提取芦丁时开始不能加冷水慢慢煮沸，而要直接加沸水提取？

3. 如果碱或酸过量会对实验有何影响？

4. 加石灰乳和硼砂分别有何目的？

实验五　蔬菜中叶绿素的提取、分离和测定

一、实验目的

1. 了解叶绿素的基本性质及提取方法。
2. 了解薄层色谱法分离微量组分的操作方法。
3. 掌握测定叶绿素含量的原理和方法。

二、实验原理

叶绿素是一种十分重要的植物色素，广泛存在于果蔬等高等绿色植物中，能与蛋白质结合成叶绿体。高等植物中的叶绿素有两种：叶绿素 a 和叶绿素 b。这两种叶绿素都溶于乙醇、乙醚、丙酮等有机物。叶绿素是绿色植物进行光合作用的必需因子，叶绿体的光合色素将光能转变成化学能，提供了植物生长所必需的养分。

叶绿素的分离可采用薄层色谱法，这种方法是把固定相吸附剂（或载体）均匀地铺在一块玻璃板上形成薄层，在此薄层上进行层析。将待分离的样品溶液点在薄层一端，试样中各组分就被吸附剂所吸附，但吸附剂对不同物质的吸附能力是不同的。将薄层板点有样品的一端浸入层析缸，在流动相展开剂的作用下展开。由于薄层吸附剂（如硅胶）的毛细作用，展开剂将沿着薄板逐渐上升。当展开剂流经试样时，样品中的各组分就溶解在展开剂中。在吸附剂的吸附力和展开剂的毛细上升力作用下，物质就在吸附剂和展开剂之间发生连续不断的吸附和解析平衡。吸附力强的物质相对移动得慢一些，而吸附力弱的物质相对移动得快一些。经过一段时间的展开，样品中各物质彼此分开，最后形成互相分离的斑点。对于不同的样品，可以选择不同的吸附剂和展开剂。

分光光度法测定叶绿素的含量是测定叶绿素提取液在最大吸收波长下的吸光度值，根据朗伯-比尔定律计算出提取液中各色素的含量。叶绿素 a 和叶绿素 b 分别在 645nm 和 663nm 处有最大吸收，但吸收曲线彼此有重叠，根据朗伯-比尔定律，最大吸收光谱峰不同的两种组分的混合液，它们的浓度 c 与吸光度 A 之间有如下关系：

$$A_1 = c_a k_{a1} + c_b k_{b1}$$
$$A_2 = c_a k_{a2} + c_b k_{b2}$$

式中，c_a 为组分 a 的浓度，$g \cdot L^{-1}$；c_b 为组分 b 的浓度，$g \cdot L^{-1}$；A_1 为组分 a 的最大吸收波长处，混合液的吸光度 A 值；A_2 为组分 b 的最大吸收波长处，混合液的吸光度 A 值；k_{a1} 为组分 a 的比吸收系数（当组分 a 浓度为 $1g \cdot L^{-1}$ 时，于波长 λ_1 时的吸光度值）；k_{b2} 为组分 b 的比吸收系数（当组分 b 浓度为 $1g \cdot L^{-1}$ 时，于波长 λ_2 时的吸光度值）；k_{a2} 为组分 a 的比吸收系数（浓度为 $1g \cdot L^{-1}$，在波长 λ_2

时的吸光度 A 值)；k_{b1} 为组分 b 的比吸收系数（浓度为 $1\ g \cdot L^{-1}$，在波长 λ_1 时的吸光度 A 值)。

$$c_a = 12.7A_{665} - 2.69A_{645}$$

$$c_b = 22.9A_{645} - 4.68A_{665}$$

$$c_T = c_a + c_b = 20.0A_{645} + 8.02A_{665}$$

另外，由于叶绿素 a、b 在 652nm 处的吸收峰相交，两者有相同的吸收系数（均为 34.5)，也可以在此波长下测定一次吸光度（A_{652}）而求出叶绿素 a、b 总量：$c_T = A_{652}/34.5$。

三、主要试剂和仪器

1. 碳酸钙，丙酮，乙醚，石油醚，乙醇（均为分析纯)。
2. 硅胶 G。
3. 722 型分光光度计。
4. 研钵。
5. 层析缸。
6. 分液漏斗。

四、实验步骤

1. 叶绿素的提取

新鲜菠菜叶依次用自来水和去离子水洗净，晾干；称取去梗的叶子 1g，剪碎放入研钵，加少量碳酸钙和干净石英砂及 3mL 去离子水，研成细浆。加入 20mL 丙酮，用玻璃棒搅拌 35min，使色素溶解。放置片刻使残渣沉于试管底部，用漏斗滤去残渣，用丙酮反复冲洗研钵、残渣至无色，用容量瓶定容至 50mL。

2. 薄层板的制备

称取 5g 硅胶 G 粉于 100mL 烧杯中，加入 11mL 去离子水，搅拌均匀后倒在 5cm×30cm 玻璃板上，用玻璃棒均匀地摊开。然后用手托住玻璃板一头，另一头放在桌面上轻轻震敲，尽量使薄层厚度均匀，平放晾干。将晾干的薄层板放在 110℃的烘箱中活化 30min，取出放在干燥器中冷却至室温。

3. 叶绿素的薄层色谱分离

取 5mL 叶绿素提取液，于 60mL 分液漏斗中，加入 3mL 乙醚萃取，弃去下层溶液，得叶绿素的乙醚提取液。在暗处距离薄板一端 2cm 处（以画线作为起始线）用毛细管点样，将试液点成一条线，待第一次液点干后再点一次，共重复 5 次，色素展开剂采用乙醚-石油醚-丙酮-正丙醇（15∶7.5∶2.5∶0.12，体积比)。将上述展开剂注入层析缸中，摇匀，然后将薄层板直立于缸中，展开剂浸没薄板下端的高度不宜超过 0.5cm，薄板上的样品原点不得浸入展开剂中。将层析缸盖好，放在暗处展开 30～40cm，待展开剂的前沿离薄板顶部 1～2cm 时，取出薄板，并在前沿处做标记，待展开剂挥发后可见到几条色带。从上到下依次为胡萝卜素（橙黄色）、叶绿素 a（蓝绿色）、叶绿素 b（黄绿色）、叶黄素（黄色）。记下每个色带中心到原点（起始线）的距离和溶剂前沿到原点的距离，计算叶绿素 a 和叶绿素 b 的 R_f 值：$R_f=a/b=$原点至斑点中心的距离/原点至溶剂前沿的距离。

在薄层色谱法中，常用 R_f 来表示各组分在层析谱中的位置，它与被分离物质的性质有关，在一定条件下为常数，其值在 0～1 之间。被分离物质的 R_f 值相差越大，则分离效果越好。

4. 吸收曲线测定

将叶绿素 a 和叶绿素 b 的色带从玻璃板上刮下来并放在离心管中，加入 5mL 乙醚，振摇，离心后得澄清蓝绿色溶液。在紫外-可见分光光度计上测定其在 360～700nm 波长范围的吸收曲线，并与标准谱图进行比较。

5. 叶绿素 a 和叶绿素 b 含量的测定

取步骤 1 叶绿体色素提取液在波长 665nm、645nm 和 652nm 下测定吸光度，以丙酮为空白对照。按照实验原理中提供的公式，分别计算蔬菜中叶绿素 a、b 和总叶绿素的含量。

五、实验记录与数据处理

1. 列表记录测得的吸光度 A 值。
2. 计算所测蔬菜中叶绿素含量。

六、思考题

1. 从菠菜中提取叶绿素时加入少量碳酸钙的作用是什么？
2. 叶绿素 a、b 在蓝紫光色区（420～450nm）也有吸收峰，能否用这一吸收峰波长进行叶绿素的定量分析？为什么？

第二部分　设计性实验选题

设计性实验是让学生自主选题，独立自主对实验方案进行设计、对实验过程和结果进行分析和研究的分析化学实验。它比传统的验证性实验更有利于培养学生的开拓精神和创新能力，是一个使学生从接受式学习向自主式学习转变的过程。

一、设计性实验要求

1. 实验前要充分了解所选题目的任务和要求。

2. 根据题目查阅资料，给出针对题目的多种设计方案，并确定最优方案。实验前与指导教师进行讨论，根据情况确定具体的、可操作的实验步骤。

3. 掌握实验中所用仪器的使用。学生可以先到实验室了解实验仪器的使用，再进行实验设计。

二、设计性实验报告要求

1. 实验题目。
2. 实验所涉及的基本原理以及相应的计算公式。
3. 实验仪器与试剂（应明确各自的具体用途）。
4. 分析测试方法，要具有可操作性，越详细越好。
5. 如实验中要用到标准溶液，则需写明实验所用标准溶液的配制与标定方法。
6. 了解相关仪器的使用方法。
7. 原始记录（列表记录）。
8. 实验结果与数据处理。
9. 实验注意事项。
10. 对自己设计的分析方案的评价及问题的讨论。
11. 参考文献。

三、设计性实验题目

1. $NaOH$-Na_2CO_3或Na_2CO_3-$NaHCO_3$混合液中各组分含量的测定。
2. $NaOH$-Na_3PO_4混合液中各组分含量的测定。
3. HCl-NH_4Cl混合液中各组分含量的测定。
4. 黄铜中铜锌含量的测定。
5. EDTA 含量的测定。
6. Bi^{3+}-Fe^{3+}混合液中Bi^{3+}和Fe^{3+}含量的测定。

7. 不锈钢中铬含量的测定。
8. 维生素 C 药片中抗坏血酸含量的测定。
9. HCOOH 与 HAc 混合液中各组分含量的测定。
10. 法扬司（Fajans）法测定氯化物中的氯含量。
11. 氯化银溶度积的测定。
12. 菠菜中草酸的提取及含量测定。
13. 食品中亚硝酸盐含量的测定。
14. 分光光度法同时测定维生素 C 和维生素 E 含量。
15. 空气中甲醛含量的测定。
16. 高效液相色谱法测定保健食品中的番茄红素。
17. 原子吸收分光光度法测定大米中的铜、锌、铅、镉。

附录

附录1　常用酸碱指示剂变色范围及配制方法（18～25℃）

指示剂名称	pH变色范围	颜色变化	溶液配制方法
甲基紫(第一变色范围)	0.13～0.5	黄～绿	$1g·L^{-1}$或$0.5g·L^{-1}$水溶液
甲酚红(第一变色范围)	0.2～1.8	红～黄	0.04g指示剂溶于100mL 50%乙醇
甲基紫(第二变色范围)	1.0～1.5	绿～蓝	$1g·L^{-1}$水溶液
百里酚蓝(麝香草酚蓝)	1.2～2.8	红～黄	0.1g指示剂溶于100mL 20%乙醇
甲基紫(第三变色范围)	2.0～3.0	蓝～紫	$1g·L^{-1}$水溶液
甲基橙	3.1～4.4	红～黄	$1g·L^{-1}$水溶液
溴酚蓝	3.0～4.6	黄～蓝	0.1g指示剂溶于100mL 20%乙醇
刚果红	3.0～5.2	蓝紫～红	$1g·L^{-1}$水溶液
溴甲酚绿	3.8～5.4	黄～蓝	0.1g指示剂溶于100mL 20%乙醇
甲基红	4.4～6.2	红～黄	0.1g或0.2g指示剂溶于100mL 60%乙醇
溴酚红	5.0～6.8	黄～红	0.1g或0.04g指示剂溶于100mL 20%乙醇
溴百里酚蓝	6.0～7.6	黄～蓝	0.05g指示剂溶于100mL 20%乙醇
中性红	6.8～8.0	红～亮黄	0.1g指示剂溶于100mL 60%乙醇
酚红	6.8～8.0	黄～红	0.1g指示剂溶于100mL 20%乙醇
甲酚红	7.2～8.8	亮黄～紫红	0.1g指示剂溶于100mL 50%乙醇
百里酚蓝(麝香草酚蓝)(第二变色范围)	8.0～9.6	黄～蓝	0.1g指示剂溶于100mL 20%乙醇
酚酞	8.2～10.0	无色～紫红	0.1g指示剂溶于100mL 60%乙醇
百里酚酞	9.3～10.5	无色～蓝	0.1g指示剂溶于100mL 90%乙醇

附录2　酸碱混合指示剂

指示剂溶液的组成	变色点pH值	颜色		备注
		酸色	碱色	
3份$1g·L^{-1}$溴甲酚绿乙醇溶液 1份$2g·L^{-1}$甲基红乙醇溶液	5.1	酒红	绿	

续表

指示剂溶液的组成	变色点pH值	颜色		备注
		酸色	碱色	
1份2g·L^{-1}甲基红乙醇溶液 1份2g·L^{-1}次甲基蓝乙醇溶液	5.4	红紫	绿	pH5.2红紫 pH5.4暗蓝
1份1g·L^{-1}溴甲酚绿钠盐水溶液 1份1g·L^{-1}氯酚红钠盐水溶液	6.1	黄绿	蓝绿	pH5.4蓝绿 pH5.8蓝
1份2g·L^{-1}中性红乙醇溶液 1份2g·L^{-1}次甲基蓝乙醇溶液	7.0	蓝紫	绿	pH7.0蓝紫
1份1g·L^{-1}溴百里酚蓝钠盐水溶液 1份1g·L^{-1}酚红钠盐水溶液	7.5	黄	绿	pH7.2暗绿 pH7.4淡绿
1份1g·L^{-1}甲酚红钠盐水溶液 3份1g·L^{-1}百里酚蓝钠盐水溶液	8.3	黄	紫	pH8.2玫瑰 pH8.4紫

附录3 氧化还原指示剂

指示剂名称	$E^{\ominus}([H^+]=1mol\cdot L^{-1})/V$	颜色变化		溶液配制方法
		氧化态	还原态	
二苯胺	0.76	紫	无色	5g·L^{-1}的浓H_2SO_4溶液
二苯胺磺酸钠	0.85	紫红	无色	5g·L^{-1}的水溶液
N-邻苯氨基苯甲酸	1.08	紫红	无色	0.1g指示剂加20mL 50g·L^{-1}的Na_2CO_3溶液，用水稀至100mL
邻二氮菲-Fe(Ⅱ)	1.06	浅蓝	红	1.485g邻二氮菲加0.965g $FeSO_4$溶解，稀释至100mL
5-硝基邻二氮菲-Fe(Ⅱ)	1.25	浅蓝	紫红	1.608g 5-硝基邻二氮菲加0.695g $FeSO_4$溶解，稀释至100mL

附录4 金属离子指示剂

指示剂名称	离解平衡和颜色变化	溶液配制方法
铬黑T(EBT)	$pK_{a2}=6.3$ $pK_{a3}=11.55$ $H_2In^- \rightleftharpoons HIn^{2-} \rightleftharpoons In^{3-}$ 红 蓝 紫红	5g·L^{-1}水溶液
二甲酚橙(XO)	$pK_a=6.3$ $H_2In^{4-} \rightleftharpoons HIn^{5-}$ 黄 红	2g·L^{-1}水溶液
钙指示剂	$pK_{a2}=7.4$ $pK_{a3}=13.5$ $H_2In \rightleftharpoons HIn^{2-} \rightleftharpoons In^{3-}$ 酒红 蓝 酒红	5g·L^{-1}乙醇溶液

续表

指示剂名称	离解平衡和颜色变化	溶液配制方法
吡啶偶氮萘酚(PAN)	$pK_{a1}=1.9$ $pK_{a2}=12.2$ $H_2In^+ \rightleftharpoons HIn \rightleftharpoons In^-$ 黄绿　黄　淡红	1g·L^{-1}乙醇溶液
Cu-PAN (Cu-PAN 溶液)	CuY＋ PAN ＋ M $\rightleftharpoons$ MY＋ Cu-PAN 浅绿　无色　红	将含 0.05mol·L^{-1} Cu^{2+} 的溶液10mL,加 pH5～6 的 HAc 缓冲液 5mL(以 1 滴 PAN 指示剂为例),加热至 60℃左右,用 EDTA 滴至绿色,得到约 0.025mol·L^{-1}的 CuY 溶液。使用时取 2～3mL 于试液中,再加入数滴 PAN 溶液
磺基水杨酸	$pK_{a1}=2.7$ $pK_{a2}=13.1$ $H_2In \rightleftharpoons HIn^- \rightleftharpoons In^{2-}$ 无色	10g·L^{-1}水溶液
钙镁试剂(Calmagite)	$pK_{a2}=8.1$ $pK_{a3}=12.4$ $H_2In^- \rightleftharpoons HIn^{2-} \rightleftharpoons In^{3-}$ 红　蓝　红橙	5g·L^{-1}水溶液

注：EBT、钙指示剂、K-B 指示剂等在水溶液中稳定性较差，可以配制成与 NaCl 之比为 1∶100 或 1∶200 的固体粉末。

附录 5　常用浓酸、浓碱的密度和浓度

试剂名称	密度 ρ/(g·mL^{-1})	浓度	
		w/%	c/(mol·L^{-1})
盐酸	1.18～1.19	36～38	11.6～12.4
硝酸	1.39～1.40	65.0～68.0	14.4～15.2
硫酸	1.83～1.84	95～98	17.8～18.4
磷酸	1.69	85	14.6
高氯酸	1.68	70.0～72.0	11.7～12.0
冰醋酸	1.05	99.8(优级纯)99.0(分析纯、化学纯)	17.4
氢氟酸	1.13	40	22.5
氢溴酸	1.49	47.0	8.6
氨水	0.85～0.90	25.0～28.0	13.3～14.8

附录 6　缓冲溶液的 pH 值与温度关系对照表

温度/℃	0.05mol·L^{-1} 邻苯二甲酸氢钾	0.025mol·L^{-1} KH_2PO_4-0.025mol·$L^{-1}$$Na_2HPO_4$	0.01mol·L^{-1} 四硼酸钠
5	4.00	6.95	9.39
10	4.00	6.92	9.33
15	4.00	6.90	9.28

续表

温度/℃	0.05mol·L^{-1} 邻苯二甲酸氢钾	0.025mol·L^{-1} KH_2PO_4-0.025mol·$L^{-1}$$Na_2HPO_4$	0.01mol·L^{-1} 四硼酸钠
20	4.00	6.88	9.23
25	4.00	6.86	9.18
30	4.01	6.85	9.14
35	4.02	6.84	9.11
40	4.03	6.84	9.07
45	4.04	6.84	9.04
50	4.06	6.83	9.03
55	4.07	6.83	8.99
60	4.09	6.84	8.97

附录7 元素的原子量（2005年国际原子量）

序号	元素名称	元素符号	原子量	序号	元素名称	元素符号	原子量
1	氢	H	1.007 94(7)	20	钙	Ca	40.078(4)
2	氦	He	4.002 602(2)	21	钪	Sc	44.955 912(6)
3	锂	Li	6.941(2)	22	钛	Ti	47.867(1)
4	铍	Be	9.012 182(3)	23	钒	V	50.941 5(1)
5	硼	B	10.811(7)	24	铬	Cr	51.996 1(6)
6	碳	C	12.017(8)	25	锰	Mn	54.938 045(5)
7	氮	N	14.006 7(2)	26	铁	Fe	55.845(2)
8	氧	O	15.999 4(3)	27	钴	Co	58.933 195(5)
9	氟	F	18.998 403 2(5)	28	镍	Ni	58.693 4(2)
10	氖	Ne	20.179 7(6)	29	铜	Cu	63.546(3)
11	钠	Na	22.989 769 28(2)	30	锌	Zn	65.409(4)
12	镁	Mg	24.305 0(6)	31	镓	Ga	69.723(1)
13	铝	Al	26.981 538 6(8)	32	锗	Ge	72.64(1)
14	硅	Si	28.085 5(3)	33	砷	As	74.921 60(2)
15	磷	P	30.973 762(2)	34	硒	Se	78.96(3)
16	硫	S	32.065(5)	35	溴	Br	79.904(1)
17	氯	Cl	35.453(2)	36	氪	Kr	83.798(2)
18	氩	Ar	39.948(1)	37	铷	Rb	85.467 8(3)
19	钾	K	39.098 3(1)	38	锶	Sr	87.62(1)

续表

序号	元素名称	元素符号	原子量	序号	元素名称	元素符号	原子量
39	钇	Y	88.905 85(2)	70	镱	Yb	173.04(3)
40	锆	Zr	91.224(2)	71	镥	Lu	174.967(1)
41	铌	Nb	92.906 38(2)	72	铪	Hf	178.49(2)
42	钼	Mo	95.94(2)	73	钽	Ta	180.947 88(2)
43	锝	Tc	[97.9072]	74	钨	W	183.84(1)
44	钌	Ru	101.07(2)	75	铼	Re	186.207(1)
45	铑	Rh	102.905 50(2)	76	锇	Os	190.23(3)
46	钯	Pd	106.42(1)	77	铱	Ir	192.217(3)
47	银	Ag	107.868 2(2)	78	铂	Pt	195.084(9)
48	镉	Cd	112.411(8)	79	金	Au	196.966 569(4)
49	铟	In	114.818(3)	80	汞	Hg	200.59(2)
50	锡	Sn	118.710(7)	81	铊	Tl	204.383 3(2)
51	锑	Sb	121.760(1)	82	铅	Pb	207.2(1)
52	碲	Te	127.60(3)	83	铋	Bi	208.980 40(1)
53	碘	I	126.904 47(3)	84	钋	Po	[208.982 4]
54	氙	Xe	131.293(6)	85	砹	At	[209.987 1]
55	铯	Cs	132.905 451 9(2)	86	氡	Rn	[222.017 6]
56	钡	Ba	137.327(7)	87	钫	Fr	[223]
57	镧	La	138.905 47(7)	88	镭	Re	[226]
58	铈	Ce	140.116(1)	89	锕	Ac	[227]
59	镨	Pr	140.907 65(2)	90	钍	Th	232.038 06(2)
60	钕	Nd	144.242(3)	91	镤	Pa	231.035 88(2)
61	钷	Pm	[145]	92	铀	U	238.028 91(3)
62	钐	Sm	150.36(2)	93	镎	Np	[237]
63	铕	Eu	151.964(1)	94	钚	Pu	[244]
64	钆	Gd	157.25(3)	95	镅	Am	[243]
65	铽	Tb	158.925 35(2)	96	锔	Cm	[247]
66	镝	Dy	162.500(1)	97	锫	Bk	[247]
67	钬	Ho	164.930 32(2)	98	锎	Cf	[251]
68	铒	Er	167.259(3)	99	锿	Es	[252]
69	铥	Tm	168.934 21(2)	100	镄	Fm	[257]

续表

序号	元素名称	元素符号	原子量	序号	元素名称	元素符号	原子量
101	钔	Md	[258]	103	铹	Lr	[262]
102	锘	No	[259]	104	铲	Rf	[261]

注：1. 本表方括号内的原子质量为放射性元素的半衰期最长的同位素质量数。

2. 原子量末位数的不确定度加注在其后的括号内。

附录8 常用化合物的分子量

化合物	分子量	化合物	分子量	化合物	分子量
$AgAsO_4$	246.77	BaO	153.33	CO_2	44.01
Ag_2CrO	331.73	$BaSO_4$	233.39	$CoCl_2$	129.84
Ag_3AsO_4	462.52	$BiCl_3$	315.34	$CoCl_2 \cdot 6H_2O$	237.93
$AgBr$	187.77	$BiOCl$	260.43	CoS	90.99
$AgCl$	143.32	$Ca(NO_3)_2 \cdot 4H_2O$	236.15	$CoSO_4$	154.99
$AgCN$	133.89	$Ca(OH)_2$	74.09	$CoSO_4 \cdot 7H_2O$	281.1
AgI	234.77	$Ca_3(PO_4)_2$	310.18	$Cr(NO_3)_3$	238.01
$AgNO_3$	169.87	CaC_2O_4	128.1	Cr_2O_3	151.99
$AgSCN$	165.95	$CaCl_2$	110.99	$CrCl_3$	158.35
$Al(NO_3)_3$	213	$CaCl_2 \cdot 6H_2O$	219.08	$CrCl_3 \cdot 6H_2O$	266.45
$Al(NO_3)_3 \cdot 9H_2O$	375.13	$CaCO_3$	100.09	$Cu(NO_3)_2$	187.56
Al_2O_3	101.96	CaO	56.08	$Cu(NO_3)_2 \cdot 3H_2O$	241.6
$Al(OH)_3$	78	$CaSO_4$	136.14	Cu_2O	143.09
$Al_2(SO_4)_3 \cdot 18H_2O$	666.41	$CdCl_2$	183.24	$CuCl$	98.999
$AlCl_3$	133.34	$CdCO_3$	172.42	$CuCl_2$	134.45
$AlCl_3 \cdot 6H_2O$	241.43	CdS	144.47	$CuCl_2 \cdot 2H_2O$	170.48
As_2O_3	197.84	$Ce(SO_4)_2$	332.24	CuI	190.45
As_2O_5	229.84	$Ce(SO_4)_2 \cdot 4H_2O$	404.3	CuO	79.545
As_2S_3	246.02	CH_3COOH	60.052	CuS	95.61
$Ba(OH)_2$	171.34	CH_3COONa	82.034	$CuSCN$	121.62
BaC_2O_4	225.35	$CH_3COONa \cdot 3H_2O$	136.08	$CuSO_4$	159.6
$BaCl_2$	208.24	CH_3COONH_4	77.083	$CuSO_4 \cdot 5H_2O$	249.68
$BaCl_2 \cdot 2H_2O$	244.27	$CO(NH_2)_2$	60.06	$Fe(NO_3)_3$	241.86
$BaCO_3$	197.34	$Co(NO_3)_2$	132.94	$Fe(NO_3)_3 \cdot 9H_2O$	404
$BaCrO_4$	253.32	$Co(NO_3)_2 \cdot 6H_2O$	291.03	$Fe(OH)_3$	106.87

续表

化合物	分子量	化合物	分子量	化合物	分子量
Fe_2O_3	159.69	HIO_3	175.91	$KHC_4H_4O_6$	188.18
Fe_2S_3	207.87	HNO_2	47.013	$KHSO_4$	136.16
Fe_3O_4	231.54	HNO_3	63.013	KI	166
$FeCl_2$	126.75	$Hg(CN)_2$	252.63	KIO_3	214
$FeCl_2 \cdot 4H_2O$	198.81	$Hg(NO_3)_2$	324.6	$KIO_3 \cdot HIO_3$	389.91
$FeCl_3$	162.21	$Hg_2(NO_3)_2$	525.19	$KMnO_4$	158.03
$FeCl_3 \cdot 6H_2O$	270.3	$Hg_2(NO_3)_2 \cdot 2H_2O$	561.22	$KNaC_4H_4O_6 \cdot 4H_2O$	282.22
$FeNH_4(SO_4)_2 \cdot 12H_2O$	482.18	Hg_2Cl_2	472.09	KNO_2	85.104
FeO	71.846	Hg_2SO_4	497.24	KNO_3	101.1
FeS	87.91	$HgCl_2$	271.5	KOH	56.106
$FeSO_4$	151.9	HgI_2	454.4	KSCN	97.18
$FeSO_4 \cdot (NH_4)_2SO_4 \cdot 6H_2O$	392.13	HgO	216.59	$Mg(NO_3)_2 \cdot 6H_2O$	256.41
$FeSO_4 \cdot 7H_2O$	278.01	HgS	232.65	$Mg(OH)_2$	58.32
$H_2C_2O_4$	90.035	$HgSO_4$	296.65	$Mg_2P_2O_7$	222.55
$H_2C_2O_4 \cdot 2H_2O$	126.07	K_2CO_3	138.21	MgC_2O_4	112.33
H_2CO_3	62.025	$K_2Cr_2O_7$	294.18	$MgCl_2$	95.211
H_2O	18.015	K_2CrO_4	194.19	$MgCl_2 \cdot 6H_2O$	203.3
H_2O_2	34.015	K_2O	94.196	$MgCO_3$	84.314
H_2S	34.08	K_2SO_4	174.25	$MgNH_4PO_4$	137.32
H_2SO_3	82.07	$K_3Fe(CN)_6$	329.25	MgO	40.304
H_2SO_4	98.07	$K_4Fe(CN)_6$	368.35	$MgSO_4 \cdot 7H_2O$	246.47
H_3AsO_3	125.94	$KAl(SO_4)_2 \cdot 12H_2O$	474.38	$Mn(NO_3)_2 \cdot 6H_2O$	287.04
H_3AsO_4	141.94	KBO_3	167	$MnCl_2 \cdot 4H_2O$	197.91
H_3BO_3	61.83	KBr	119	$MnCO_3$	114.95
H_3PO_4	97.995	KCl	74.551	MnO	70.937
HBr	80.912	$KClO_3$	122.55	MnO_2	80.937
HCl	36.461	$KClO_4$	138.55	MnS	87
HCN	37.026	KCN	65.116	$MnSO_4$	151
HCOOH	46.026	$KFe(SO_4)_2 \cdot 12H_2O$	503.24	$MnSO_4 \cdot 4H_2O$	223.06
HF	20.006	$KHC_2O_4 \cdot H_2C_2O_4 \cdot 2H_2O$	254.19	$Na_2B_4O_7$	201.22
HI	127.91	$KHC_2O_4 \cdot H_2O$	146.14	$Na_2B_4O_7 \cdot 10H_2O$	381.37

续表

化合物	分子量	化合物	分子量	化合物	分子量
$Na_2C_2O_4$	134	$(NH_4)_2SO_4$	132.13	$SbCl_5$	299.02
Na_2CO_3	105.99	NH_4Cl	53.491	SiF_4	104.08
$Na_2CO_3 \cdot 10H_2O$	286.14	NH_4HCO_3	79.055	SiO_2	60.084
$Na_2H_2EDTA \cdot 2H_2O$	372.24	NH_4NO_3	80.043	$SnCl_4$	260.52
$Na_2HPO_4 \cdot 12H_2O$	358.14	NH_4SCN	76.12	$SnCl_2$	189.62
Na_2O	61.979	NH_4VO_3	116.98	$SnCl_4 \cdot 5H_2O$	350.596
Na_2O_2	77.978	$Ni(NO_3)_2 \cdot 6H_2O$	290.79	SnO_2	150.71
Na_2S	78.04	$NiCl_2 \cdot 6H_2O$	237.69	SnS	50.776
$Na_2S \cdot 9H_2O$	240.18	NiO	74.69	SO_2	64.06
$Na_2S_2O_3$	158.1	NiS	90.75	SO_3	80.06
$Na_2S_2O_3 \cdot 5H_2O$	248.17	$NiSO_4 \cdot 7H_2O$	280.85	$Sr(NO_3)_2$	211.63
Na_2SO_3	126.04	NO	30.006	$Sr(NO_3)_2 \cdot 4H_2O$	283.69
Na_2SO_4	142.04	NO_2	46.006	SrC_2O_4	175.64
Na_3AsO_3	191.89	P_2O_5	141.94	$SrCO_3$	147.63
Na_3PO_4	163.94	$Pb(CH_3COO)_2$	325.3	$SrCrO_4$	203.61
Na_3BiO_3	279.97	$Pb(CH_3COO)_2 \cdot 3H_2O$	379.3	$SrSO_4$	183.68
$NaCl$	58.443	$Pb(NO_3)_2$	331.2	$UO_2(CH_3COO)_2 \cdot 2H_2O$	424.15
$NaClO$	74.442	$Pb_3(PO_4)_2$	811.54	$Zn(CH_3COO)_2$	183.47
$NaCN$	49.007	PbC_2O_4	295.22	$Zn(CH_3COO)_2 \cdot 2H_2O$	219.5
$NaHCO_3$	84.007	$PbCl_2$	278.1	$Zn(NO_3)_2$	189.39
$NaNO_2$	68.995	$PbCO_3$	267.2	$Zn(NO_3)_2 \cdot 6H_2O$	297.48
$NaNO_3$	84.995	$PbCrO_4$	323.2	ZnC_2O_4	153.4
$NaOH$	39.997	PbI_2	461	$ZnCl_2$	136.29
$NaSCN$	81.07	PbO	223.2	$ZnCO_3$	125.39
NH_3	17.03	PbO_2	239.2	ZnO	81.38
$(NH_4)_2C_2O_4 \cdot H_2O$	142.11	PbS	239.3	ZnS	97.44
$(NH_4)_2CO_3$	96.086	$PbSO_4$	303.3	$ZnSO_4$	161.44
$(NH_4)_2HPO_4$	132.06	Sb_2O_3	291.5	$ZnSO_4 \cdot 7H_2O$	287.54
$(NH_4)_2MoO_4$	196.01	Sb_2S_3	339.68		
$(NH_4)_2S$	68.14	$SbCl_3$	228.11		

参 考 文 献

[1] 武汉大学，等. 分析化学实验. 第 5 版. 北京：高等教育出版社，2013.

[2] 王英华，魏士刚，徐家宁. 基础化学实验//化学分析实验分册. 第 2 版. 北京：高等教育出版社，2015.

[3] 四川大学化工学院，浙江大学化学系. 分析化学实验. 第 3 版. 北京：高等教育出版社，2003.

[4] 华东理工大学，四川大学. 分析化学. 第 6 版. 北京：高等教育出版社，2014.

[5] 袁书玉. 现代化学基础. 北京：清华大学出版社，2006.

[6] 徐春祥. 基础化学实验. 第 2 版. 北京：高等教育出版社，2004.

[7] 高教出版社高职高专编写组. 分析化学实验. 第 3 版. 北京：高等教育出版社，2014.

[8] 蔡明招. 分析化学实验. 第 2 版. 北京：化学工业出版社，2012.

[9] 孟长功. 基础化学实验. 第 2 版. 北京：高等教育出版社，2009.

[10] 何锡风，安红，谷振华. 常温合成甲基橙方法的研究. 齐齐哈尔大学学报，2005，21(2)：16-18.

[11] 李慧，王明明. 槐米中芦丁的提取结晶与含量测定. 陕西中医，2011，32(10)：1412-1413.

[12] 初玉霞. 化学实验技术. 北京：高等教育出版社，2006.

[13] 陈阳，蒋琪英，孙建科，等. 食品强化剂 NaFeEDTA 配合物合成及应用研究进展. 食品与机械，2008，24(2)：137-140.

[14] 倪静安. 无机及分析化学实验. 北京：高等教育出版社，2007.

[15] 吕苏琴. 分析化学实验. 北京：高等教育出版社，2008.

[16] 郭建国，王淑华. 基础化学实验Ⅰ（分析化学模块）. 银川：宁夏人民教育出版社，2008.

[17] 常璇，王淑华. 基础化学实验Ⅱ（仪器分析模块）. 银川：宁夏人民教育出版社，2007.

[18] 朱明华，胡坪. 仪器分析实验. 第 4 版. 北京：高等教育出版社，2012.

[19] 赵文宽，张悟铭，王长发，等. 仪器分析实验. 北京：高等教育出版社，2012.

[20] 穆华荣，陈志超. 仪器分析实验. 第 2 版. 北京：化学工业出版社，2004.

[21] 四川大学化工学院，浙江大学化学系. 分析化学实验. 第 4 版. 北京：高等教育出版社，2015.

[22] 刘文英. 药物分析. 第 4 版. 北京：人民卫生出版社，2001.

[23] 靳敏，夏玉宇. 食品检验技术. 北京：化学工业出版社，2003.